# 생명을 만드는 물질

전파과학사는 독자 여러분의 책에 관한 아이디어와 원고 투고를 기다리고 있습니다. 디아스포라는 전파과학사의 임프린트로 종교(기독교), 경제·경영서, 일반 문학 등 다양한 장르의 국내 저자와 해외 번역서를 준비하고 있습니다. 출간을 고민하고 계신 분들은 이메일 chonpa2@hanmail.net로 간단한 개요와 취지, 연락처 등을 적어 보내주세요.

# 생명을 만드는 물질

단백질·아미노산의 화학

초판 1쇄 1980년 12월 5일
개정 1쇄 2023년 3월 28일

**지은이** 기시모토 야스시
**옮긴이** 백태홍
**발행인** 손영일
**디자인** 장윤진

**펴낸곳** 전파과학사
**출판등록** 1956. 7. 23 제10-89호
**주소** 서울시 서대문구 증가로18, 204호
**전화** 02-333-8877(8855)
**팩스** 02-334-8092
**이메일** chonpa2@hanmail.net
**홈페이지** http://www.s-wave.co.kr
**공식 블로그** http://blog.naver.com/siencia

ISBN 978-89-7044-592-2(03470)

# 생명을 만드는 물질

## 단백질·아미노산의 화학

기시모토 야스시 지음 | 백태홍 옮김

전파과학사

# 목차

## 6장 | 라이프 사이언스

## 인류멸망(人類滅亡)의 예측(豫測)

기상이변·에너지 위기·인구폭발·환경오염……. 거기에다 로마클럽으로
부터 제출된 불길(不吉)한 예측. 개개의 생명(生命)을 유지하고 또 그것의 번영
을 가하려는 우리들의 최소 요구에 대해 과학은 과연 어떻게 대답해 줄까?

콰시오커 발생지역

▨▨▨ 콰시오커의 분포

저단백 영양의 한 가지 형태로, 특유한 피부 증상이 따른다. 생후 6
개월부터 두 살 젖먹이 어린이에게 많고, 신체의 발육 불량, 빈혈, 붓
는 병, 피부 반점, 피부의 벗겨짐과 균열 또 지방간 등의 증상이 특징
이다. 인간 뇌의 70%는 생후 1년 나머지 기간에 발육한다. 설사 성장
해도 콰시오커가 그 후 정신 활동에 큰 영향을 오래 미치는 일이 여러
조사 결과 판명되고 있다.

자료 International Agricultural Development Service, 1967년 판

## 100년 후, 지구는 파멸되리라

1972년 3월 15일, 미국 워싱턴의 스미소니안 박물관으로 각국 대사, 과학자, 경제학자, 정치학자, 산업인 등 약 250명이 모여들었다. MIT(매사추세츠 공과대학)의 데니스. L. 메드우즈 조교수의 보고를 듣기 위해서였다. 메드우즈라는 이름은 이때까지만 해도 결코 저명한 축에는 끼지 못했으나 이날을 계기로 해서 전 세계에 널리 알려지게 되었다.

보고는 「성장(成長)의 한계(限界)」라는 제목으로 앞으로의 200년에 걸쳐 세계의 미래를 예측하는 내용이었다. 결론은 「현재 상태로 나간다면 지구는 앞으로 100년이면 파멸한다」라는 대담한 예측이었으며, 각국은 조속히 경제성장을 동결시켜야 한다는 것이었다. 이 보고는 회의장에서는 물론 구미(歐美) 각국의 학계, 산업계에 문자 그대로 큰 충격을 던져 주었다. 시간이 흐름에 따라 이 충격은 메드우즈 보고를 둘러싼 찬반양론의 소용돌이를 전 세계에 펼쳐 나갔다.

식량을 예로 들어보자. 전 세계에 경작(耕作)이 가능한 토지의 공급량은 약 32억ha이다. 한편 현재의 생산성으로 보면 인류 1인당의 필요한 가경지(可耕地)는 평균 0.4ha가 된다.

세계의 인구 증가가 지금과 같은 폭발적인 증가율로 계속된다면 단순한 계산으로도 그 한계는 30년 후가 될 것이고, 실제로는 그보다 더 빨리 다가온다. 인구 증가는 도시화를 촉진하고 산업용지가 농토를 잠식하게 되며 오염도 증대된다. 이런 것들이 식량 생산을 감소시키는 방향으로 박차를 가하기 때문이다. 가령 「녹색혁명(綠色革命)」이 성공하여 농업생산성이 배로 증가된다고 하더라도 수급관계는 20~30년쯤 더 연장될 뿐이라고 한다.

석유·천연가스·석탄·금속 등 지하자원 매장량의 전망에서도 다른 요소와의 상호관계가 계산되었다. 이렇게 묘사된 세계의 미래상이란 다음과 같다.

금세기 말 전에 세계의 모든 자원은 걷잡을 수 없이 급진적으로 고갈될 것이고, 이러한 자원의 고갈은 공업성장을 급격히 저하시키는 한편, 이 무렵에도 세계의 인구와 오염은 계속적으로 격증될 것이다. 이렇게 하여 21세기 전반기에 이르게 된다. 끝내는 굶주림과 의료(醫療) 저하라는 사상 최악의 상태를 맞게 될 것이며 가공할 사망률의 격증으로 인구가 급속히 줄어든다. 이리하여 2075년에는 벌써 지구 멸망의 날이 온다……는 것이 이 보고의 골자이다.

**콰시오커**

영국의 환경문제 전문지인 〈디 이코러지스트〉에 따르면 그 위기의 조짐이 이미 발밑까지 밀어닥쳤다고 한다.

「인류의 태반은 이미 생존에 필요한 최저한의 칼로리를 가까스로 섭취하고 있을 뿐이다. 게다가 세계 인구의 대부분(태반이 발전도상국)은 지능발달(知能發達)에 없어서는 안 될 영양분, 특히 단백질을 섭취하지 못하고 있다. 그 때문에 그들은 살아 있기는 하지만 인간 저마다에 본래 잠재해 있는 가능성을 충분히 발휘하지 못하고 있다. 이것은 인적 자원에 있어서 바로 최대의 낭비일 따름이다.」 … 약간 추상적이어서 직감적으로 이해되지 않는 이 논평을 다음과 같은 구체적인 예로써 설명하기로 한다.

아프리카의 잠비아에서는 지금도 1,000명 중 260명이나 되는 젖먹이가 돌맞이도 못한 채 죽어가고 있다. "인구 폭발"로 고민하는 인도나 파키스탄에서는 1,000명 중 140명이 죽어간다. 제2차 세계대전 전의 인도에서는 이런 상황이 6할에까지 이르고 있었다. 취학연령 전과 저학년 아동의 사망률을 여기에 포함한다면 더욱 높은 비율에 이른다. 사망원인은 일반적으로 홍역, 폐렴, 이질이고 기타 영양실조에 의한 희생이다. 고단백질을 섭취하는 지역에 비해 저단백질을 섭취하는 지역에서는 한 살에서 네 살의 어린이 사망률이 50~60배나 더 높다.

영양불량은 개발도상국 인구의 50~60%로 추산되며, 세계 인구의 거의 3분의 1에 해당된다. 국제식량농업기구(國際食糧農業機構, FAO)의 추계에 따르면 이들 나라에서는 특히 단백질에서는 영양에 필요한 최저 섭취량조차도 채우지 못하고 있다.

북미, 유럽, 오세아니아의 3대륙에서는 인구와 식량생산의 균형이 잘 잡혀 있어서 곡류, 육류, 우유, 달걀 등의 1인당 소비량이 세계의 평균값 이상이다. 아세아, 아프리카, 중남미(아르헨티나를 제외)의 3대륙에서는 인구와 식량이 불균형상태에 있다. 특히 주요 동물성단백질인 육류, 우유, 달걀의 부족이 심하다. 더구나 이들 지역에서는 인구 폭발이 진행되고 있다. 어제까지의 일본이 그러했듯이 이들 나라에서는 단백질을 동물성 식품에서 섭취한다는 것 자체가 아직 사치에 속한다. 평소 식탁에 오르는 유일한 단백질원이 곡류인 이들 나라에서는 아동이 콰시오커(kwashiorkor)라는 단백질 결핍증에 자주 걸린다.

## 지능에 중대한 후유증

배가 불룩 부풀어서 튀어나오고, 얼굴이 붓고, 피부에 갈색 반점이 눈에 띄게 생기고, 머리카락이 갈색으로 퇴색해서 윤기가 없는 아이들. 이런 아이들은 단백질의 부족으로 지방분이 체내조직 속 여분의 수분 때문에 부풀어 오르는 것이다. 콰시오커는 가나말의 콰시(FIRST)와 오커(SECOND)의 합성어다. 둘째 아기에게 젖을 먹이기 위해 첫째 아이는 모유로부터 밀려나 옥수수나 감자류인 '카사바(cassava)'만 먹게 된다. 그런 식사로도 칼로리는 충분히 유지되기는 하겠지만, 곡류이기 때문에 단백질이 몹시 부족한 저단백질 식품으로 양육되게 된다.

병이 나면 갑자기 식욕을 잃고 설사를 한다. 이렇게 되면 설사가 두려워서 그 아이에게는 죽을 먹이게 된다. 그러다 보니 영양은 한층 더 제한되고 부족현상을 가져온다. 그래서 병이 더해진다. 간장이 붓고 색소가 반점 모양으로 엉키며 그것이 번져서 피부가 거무스름해지고 때로는 몹시 신경질적이 되기도 한다. 이윽고 전혀 무감각하게 되어 버린다. 그대로 두면 죽거나 아니면 다른 병으로 죽게 된다.

젖먹이와 어린 아기에게는 어른과 비교해서 체중에 비해 많은 양의 단백질이 필요하다. 더구나 어른은 저단백질 식품인 곡류로만 식사를 하더라도 '된밥'을 먹음으로써 함유율로서는 극히 미미한 양의 단백질이라도 그나마 필요한 만큼의 양을 확보할 수가 있다. 그러나 젖먹이나 어린 아기에게는 그런 재간이 없다.

저단백질 식품은 칼슘분이 모자라기 때문에 뇌로부터 섭취중추(攝取中樞)의 명령에 따라 마구 식욕을 나타내는 수가 있다. 식사량이 많지 못하면 식물성 식이(食餌)로도 필요한 칼슘양을 충족한다. 그러나 칼슘을 소화하기 위한 필요한 단백질이 상대적으로 부족해진다. 그렇기 때문에 설사나 기타 다른 증상을 일으키며 영양이 몸으로는 가지 않고 피골이 상접해서 배만 볼록하게 튀어나온다.

중대한 일은 단백질의 부족이 성장을 방해하고 질병의 저항력을 떨어뜨릴뿐더러 지능발달을 더디게 한다는 것이다. 어른이 되어도 두뇌활동이나 활력이 둔하고 부족한 인간이 되어 버린다. 그것은 잠재적이기는 하나 민족이나 사회에서는 매우 중대한 문제다.

MIT의 영양학 교수인 스크림쇼 박사는 흑인의 낮은 영양에 관해서 10년 동안이나 조사했다. 그 결과에 따르면 낮은 영양이 생후 6개월 내지 1년에서부터 두 살에 이르는 사이에 그 사람의 지능에 미치는 영향은, 그 후 일생 동안 영영 회복되지 않는 것이라고 판명되었다. 때로는 인간다운 지능조차 결여된다. 인간의 두뇌는 생후 약 1~2년 사이에 27%가 발육하기 때문이다. 콰시오커 증세가 나타나는 시기는 생후 6개월부터 두 살인 어린이에게 많다. 6개월까지는 일반적으로 영양의 균형이 잡혀 있는 모유로 자라기 때문에 그 기간만은 콰시오커에 걸리지 않게 되는 것 같다.

바야흐로 생명합성(生命合成)의 실현마저도 미래예측의 대상이 되었다. 그러므로 여러분과 함께 이 생명, 인류의 미래를 연출하는 것에 대해 생각해 보기로 하자. 책장을 넘겨 감에 따라 연출자로서의 불가사의한 행동을 하는 아미노산이 차츰차츰 부각될 것이다.

# 1장

# 개척자들

---

생명을 연출하는 불가사의한 아미노산. 그 존재를 탐구해 온 선인들. 그들에 대한 그 시대에
서의 복잡하고도 다양한 사회의 반응. 거기에는 오래됐으면서도 새로운 과제가 잠겨 있다.

---

# 1. 아마추어 화학자

**영국인의 도락에서 탄생한 화학**

인류가 화학이라는 학문을 처음 알고 나서 그것에 관심을 갖기 시작한 것은 언제부터일까?

태곳적부터 인류는 동물과는 달리 불을 자유로이 이용하는 것을 익혀 왔다. 몇 번이나 인류사(人類史)를 덮쳤던 빙하기를 이럭저럭 극복할 수 있었던 것도 불의 이용기술에 크게 힘입었기 때문이다.

체험이나 한 것처럼 추론을 계속해 나가며 경험을 통해 날고기를 불에 익히면 맛이 더 좋아진다는 것을 알았다. 채소도 불로 가공하면 소화가 잘 된다는 것을 알았다. 현대의 에스키모가 일상에서 먹고 있는 것을 흉내 내어 우리가 날고기를 그대로 먹는다면 어떻게 될까? 적어도 어린이나 노인 그리고 환자에게는 해로울 것이 뻔하다.

열을 가하면 고기의 구성분자가 변화한다거나 분자가 붕괴한다는 화학변화를 이론적으로 배운 것은 긴 인류사를 통해서 본다면 극히 최근의 일이다. 더구나 지금도 아직 음식물이 요리에 따라 어떤 화학변화를 일으키는지는 아직 상세하고 완전하게 해명해 내지 못하고 있다.

화학은 요리와 비슷해서 처음에는 모두 경험을 통해 쌓아 올려졌다.

그림 1-1 | 물질 이해의 새벽
그것은 길고도 어두운 미로였다

광석으로부터 구리나 철을 만든다던가 그런 금속을 녹인 채로 섞어서 한
층 뛰어난 합금을 만들었다. 혹은 광물에서 유리를, 쌀이나 곡류, 포도 등
에서 술을 빚었다. 여러 가지 음식물, 약품, 그리고 염료를 만들었다.

이렇게 해서 조금씩 생활을 다채롭고 편리한 것으로 바꾸어갔다. 그것
은 길고도 어두운 미로(迷路)였다. 물질을 이해하기 위한 실태와 암중모색
의 연속이었다.

이상하게 들릴지 모르나 오늘날 화학의 기초는 아마추어 화학자가 이
룩해 왔다. 중세기의 서구에서는 물질로부터 금이 만들어질 수 있다고 믿
었던 연금술사들이 하나의 사회를 이루고 있었다. 그들의 비원(悲願)에도

불구하고 끝내 금을 인공적으로는 만들어 내지 못했다. 그 대신 연금술사의 공방(工房)에서는 여러 가지 연장이 생겨났다.

플라스코, 도가니(용광로), 새로운 산(酸), 알코올, 알칼리 또는 증류(蒸溜)나 결정화(結晶化)를 위한 기술 등이다. 또 탐광야금(探鑛冶金)이 발전하여 정확한 저울도 생겼다.

영국에서는 이러한 유산과 대항해 시대가 낳은 부(富)를 배경으로 당시의 엘리트층이었던 귀족이나 부유층, 목사, 교사들의 도락으로부터 화학의 중대한 발견이 잇달았다.

도락이라고 해서 발견자의 노력이나 재능이 경시되는 것은 절대로 아니다. 풍부한 재능과 뛰어난 호기심이 취미가 좋은 도락을 낳게 한 것이다. 도락 그 자체는 오늘날에도 영국의 과학·기술 개발에서 하나의 전통이 되었다.

에든버러의 의사이며 화학교사였던 조셉 블랙은 고온의 산(酸)에 석회석을 투입하면 탄산가스가 발생하고 남은 석회를 공기 속에 방치해 두면 공기 속 탄산가스를 다시 흡수하여 원래의 석회석이 되어 백묵(白墨)으로 되돌아간다는 것을 1754년에 발견했다.

그 당시까지만 해도 그리스 시대의 아리스토텔레스의 물질은 물·불·공기·흙의 네 가지 원소로부터 이루어졌다고 하는 생각을 굳게 믿고 있었다. 그러한 원소의 하나일 터인 공기에 탄산가스가 포함돼 있다거나 탄산칼슘이 다시 석회와 탄산가스로 분해된다거나 혹은 재결합한 것이므로 이것은 2,000년의 미신을 타파한 획기적인 발견이었다.

데본샤 2세 공작의 손자인 헨리 캐번디시는 금속을 산에 녹이면 연소하는 공기, 즉 수소가 만들어지고 그것에 산소를 섞어서 불을 붙이면 폭발하고, 프라스코의 안벽에 물방울이 남게 된다는 것을 발견했다. 물 또한 수소와 산소로 이루어져 있었다.

이러한 아마추어 화학자에 의해서 원소, 원자, 분자의 개념이 만들어지고 물, 기체, 금속, 산, 염(鹽)류, 산화물 등 무기물(無機物)에 대한 지식이

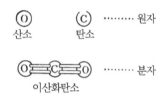

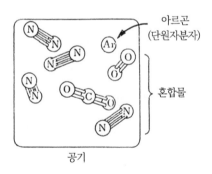

**그림 1-2 | 원소의 개념**

원소란 한 종류의 원자의 집합체다. 단일원소로부터 이루는 것을 단체(單体)라 한다. 물질은 탄소나 아르곤처럼 원자가 단독 그대로의 상태, 또는 탄산가스처럼 원자가 결합한 화합물의 상태, 혹은 공기처럼 단체나 화합물이 집합된 혼합물의 상태로 존재한다

서서히 구축되어 갔다. 그러나 설탕, 기름 등 동식물을 구성하는 성분에 대해서는 아직도 전혀 이해할 수가 없었다.


## 단두대에서 처형된 천재

1794년 5월 8일, 파리의 혁명 광장으로 죄수 호송차가 덜거덕거리며 들어왔다. 쉰 살을 갓 넘었을 한 사나이가 그 광장으로 끌려왔다. 처형대로 끌어 올려져 목을 내민 순간, 단두대의 칼날이 탁 떨어지고 군중들은 와아 하고 환성을 질렀다.

그 광경을 지켜보던 한 사나이가 이렇게 중얼거렸다.

「그의 목을 치는 데는 단 한순간이면 족하다. 그러나 저런 두뇌는 100년에 하나 태어날까 말까 하다」-그는 바로 앙투안 로랑 라부아지에이고, 라고 중얼거린 사나이는 해석역학(解析力學)의 일대 발전의 기초를 쌓은 위대한 수학자이며 친구이던 J. L. 라그랑즈였다.

라부아지에는 1743년에 태어난 변호사였다. 그는 정부의 세금징수 청부인이었다는 죄목으로 처형되었다. 오늘날 그는 그의 도락에서 비롯된 생화학(生化學), 생물물리학, 생리학의 선구자이며 의학으로부터 미신과 마술 등의 신비적인 요법을 몰아내고 정량화학 측정법(定量化學測定法)을 생명현상에다 응용하여 물질교대나 생명활동의 에너지, 세포 내에서의 화학 과정을 처음으로 실시한 인물로서 위대한 평가를 받고 있다. 인간을 평가하는 사람들의 능력이란 이렇게도 믿을 수 없는 것이다.

**그림 1-3 |** 라부아지에

그는 유리 용기 속에서 동식물 등 유기물(有機物)을 연소시키면 모두 탄산가스와 수증기가 발생한다는 것을 발견했다. 결국 유기물은 무기물과는 달라서 모두 탄소와 수소를 포함하고 있으며 그것을 태운 찌꺼기에는 산소와 질소가 있다는 것을 알아냈다. 이런 사실로부터 그는 유기물이 아무리 복잡하고 다양한 구조를 갖고 있다 하더라도 그것은 탄소, 수소, 산소, 질소를 기본원소로 하여 이루어져 있다고 결론지었던 것이다.

그 당시의 화학자는 무기물과 유기물 사이에는 넘을 수 없는 벽이 있으며 유기물에는 불가사의한 생명력이 작용하고 있다고 생각하고 있었다. 탄소, 수소, 산소, 질소라는 원소를 실험실에서 마음대로 다루면서도 그것의 근원인 나무나 양털, 비단, 설탕과 같은 복잡한 화합물은 만들 수 없는 것이라고 단념하고 있었다.

당시 유니테리언 교회의 목사이던 프리스틀리는 1767년부터 1774년에 걸쳐 암모니아, 산화질소, 산소 등을 발견하고 있었다. 라부아지에는 호흡도 일종의 연소라는 것을 내뿜은 호흡기체에 들어 있는 산소, 탄산가스의 양을 측정하여 증명했다.

이제는 자명한 일인 것 같지만, 그 당시까지 믿고 있던 아리스토텔레스의 학설에서는 그것은 마치 '그래도 지구는 돈다'라고 말한 갈릴레이나 코페르니쿠스의 우주론(宇宙論)에 필적하는 획기적인 것이었다. 「동물의 호흡과 공기가 허파를 통과할 때 받는 변화」라는 그의 논문(1777)은 바로 프랑스혁명 못지않은 역사적 의의가 있다.

라부아지에는 용광로 속에서 금속을 연소하면 산화해서 산소의 무게만큼 무거워진다는 것을 끈기 있는 반복 측정을 통해서 증명했다. 숯을 피우면 발생한 가스는 대충 산소 72, 탄소 28의 비율로 구성되는 탄산가스가 된다는 것도 발견했다.

그 무렵 스웨덴이나 영국, 러시아의 학자들도 제각기 독립적으로 이 산소의 성질 - 연소에 대해 같은 결론을 제시하고 있었다. 라부아지에는 그것에 대한 완전한 대답을 내놓았다. 괘종 비슷한 유리 용기 속에서 양초를 태우면 공기 속의 산소가 거의 없어질 때까지 탄다는 것, 또 같은 용기 속에서 생쥐는 산소가 없어질 때까지 살아 있을 수 있다는 것을 발견했다.

이것이 생명과정을 수반하는 유기물, 그것의 유물(遺物)이라고 할 수 있는 화석연료(化石燃料: 석탄, 석유, 천연가스)에 학문을 끌어들이는 돌파구가 되었다.

# 2. 왈츠의 꿈

## 갈피를 못잡다

동식물의 체내에는 불가사의한 생명력이 있다. 이 생명력이 탄소, 수소, 산소, 질소와 같은 무기물을 복잡하고도 정묘한 나무, 육체, 설탕과 같은 유기화합물로 만들고 있다는 전통적인 선입감을 처음으로 타파한 사람이 독일의 젊은 화학자 프리드리히 뵐러이다.

독성물질로 알려져 있는 시안산은과 염화암모늄의 용액은 모두 무기물이다. 그는 그것을 가열하여 시안산암모늄 용액을 만들고 이것을 다시 가열해 보았다.

그러자 무색투명한 결정이 만들어졌다. 그런데 놀랍게도 그 결정이 실은 오줌의 주요 성분인 요소와 화학적으로 똑같은 구조였다. 즉 재료로 무기물을 썼는데도 인간이나 동물의 신장을 통해서 배출되는 요소가 만들어진 것이다. 뵐러의 발견이 당시의 학계에 큰 센세이션을 불러일으킨 것도 당연한 일이었다.

뵐러는 전부터 동물의 배설물을 자세히 조사하고 있었다. 그러나 이 실험에서는 단순히 시안산 암모늄을 바짝 조리는 일밖에 생각하지 않았다. 우연이라고 하면 정말 우연한 발견이었다.

이렇게 생물학과 화학 사이에 처음으로 다리가 놓이게 되었다. 그러나 뵐러는 원래 회의적인 화학자였다. 그래서 그 후 유기화학을 「도무지 갈피를 못 잡는 것」이라고 생각해 포기하고 무기화학에 열중하게 된다. 그의 실험실은 지금도 괴팅겐대학에 남아 있다. 그의 선구적인 실험실은 19세기에 각 대학 연구실의 모델이 되었다.

같은 독일의 화학자 유스투스 폰 리비히는 중국의 폭죽(爆竹)의 뇌관으로 알려진 뇌산염(雷酸塩)의 화학구조가 이소시안산은(AgOCN)이라는 것을 발표했다. 뇌산염의 화학적 구조는 뵐러의 시안산은과 같았던 것이다. 화학적 조성이 같으면서도 뇌산은과 시안산은 사이에는 공통되는 성질이 거의 없다. 그렇게 보면 우리 주위를 잘 살펴볼 때 다른 유기화합물 사이에서도 이와 비슷한 기현상이 발견된다.

이를테면 $C_{10}H_{12}O_2$라는 화합물은 치과의사가 살균제로 사용하는 정향유(丁香油)를 비롯해서 실로 150종류나 성질이 다른 물질이 있다. 그 이유는 같은 원소로 돼 있어도 결합 방식에 따라 전혀 다른 화합물이 되기 때문이 아닐까. 현재는 레몬 껍질의 기름 성분인 리모넨과 테르펜유, 바닐라 에센스 등 이러한 「이성질체(異性質休)」가 수천 종류나 발견되었다.

이성질체란 원자의 종류와 수가 같으면서도 성질이 서로 전혀 다른 화합물을 말한다. 마취용의 메틸에테르와 술의 에센스인 에틸알코올은 분자식이 $C_2H_6O$이지만 서로 이성질체이다. 에틸알코올에서는 산소의 한쪽이 탄소, 다른 한쪽이 수소와 결합하고 있는 데 반해 메틸에테르에서는 그 산소가 탄소원자 사이에 끼어서 결합해 있다. 즉 그 차이는 결합방식에 있다. 이외에도 분자의 입체구조 차이 때문에 편광(偏光)에 대한 성질이 다른 광학(光學) 이성질체나 입체(立休) 이성질체가 있다. 이왕에 「기」(基)에 대한 설명을 덧붙여 두겠다. 프랑스의 루이 게이뤼삭은 시안화수소(HCN)에 대한 실험 중 탄소와 질소의 결합이 강하다는 것과 화합한 채 통째로 그대로 화학변화를 한다는 것을 발견했다.

2개 이상의 원자의 집단(원자단)이 마치 한 개의 원자인 것처럼 갖가지

**그림 1-4 |** 생명에 물질의 쐐기가 박혔다

28

화학반응에도 그 팀을 흩트리지 않는다. 그래서 이것을 「기」(基)라고 부르게 되었다.

또 한편에서는 유기화합물 속의 한 원소가 다른 원소로 연달아 치환(置換)되는 현상도 발견되었다. 이를테면 시궁창 바닥에서 솟아오르고 그 냄새($H_2S$)로 잘못 알려진 메탄($CH_4$, 메탄에는 냄새가 없다)은 천연가스의 주성분인데 이 4개의 수소원자 중 한 개를 염소원자로 치환하면 클로로메탄($CH_3Cl$)이 된다. 이것은 천연가스처럼 연료가 되지 못한다. 이것은 오히려 냉매(冷媒)로 사용된다.

메탄의 3개의 수소원자를 고스란히 염소원자로 치환하면 트리클로로메탄, 즉 마취용 클로로포름이 된다. 또 수소 4원자를 모두 염소로 치환하면 옷의 얼룩을 빼는 데 사용하는 4염화탄소($CCl_4$)가 된다.

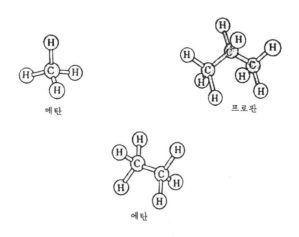

메탄

프로판

에탄

**그림 1-5 |** 탄소원자의 4개의 손

## 흔들거리는 마차 속에서

합성물질에 대한 지식은 이렇게 해서 착실히 늘어났는데 그 배후에는 엄청난 실패가 산더미처럼 쌓였다. 그래서 합성화학은 마치 「실패는 성공의 어머니」라는 격언을 증명하기 위해 태어난 학문이라고 해도 좋을 것이다.

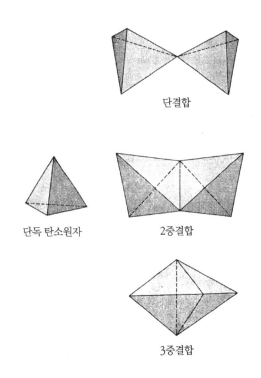

**그림 1-6 | 탄소원자 4개의 손의 입체모형**

탄소원자를 입체적으로 보면 4면체 피라미드의 중심에 있고, 그 4개의 정점이 결합점이 되는 것으로 이해된다. 2개의 피라미드(탄소원자)가 각각 정점만 결합한 것이 단결합, 능선과 능선을 합친 것이 2중결합, 면과 면을 접하면 3중결합이 된다 일본의 노벨 물리학상 수상자인 유가와(湯川秀樹)는 그의 유명한 중간자(中間子)론을, 잠을 이루지 못한 어느 날 밤 침대 속에서 착상했다고 한다. 뉴턴은 사과가 떨어지는 것을 보고 만유인력의 법칙을 발견했다고 한다.

우연으로 보이지만 그 발견의 실마리가 잡힐 때까지 그들의 머릿속에는 그것과 관련한 엄청난 정보가 소용돌이치며 겹치고 쌓여 꿈틀거리고 있었을 것이 틀림없다. 그것은 마치 옛날 스승의 문하에서 온갖 궂은일, 힘든 일을 가리지 않고 봉사하면서 스승으로부터 비결이나 면허를 전수받는 제자와도 비슷하다. 그러나 옛날의 도제(徒弟)와 큰 차이는 학자의 발견은 재래의 비결을 전해 받거나 연습에 의한 유추(類推)가 아니라 전혀 새로운 가치를 창조하는 데 있는 것이다.

1850년대 중엽, 런던의 저녁 거리를 달리는 이층 합승마차의 윗단에서 졸고 있던 한 젊은 화학자가 있었다. 20대의 독일 청년 프리드리히 아우구스트 케쿨레는 탄소화합물의 구조에 관한 생각에 지쳐 있었다.

원자 몇 개가 결합해서 분자가 된다. 나트륨(Na)은 오직 한 개의 원자가 염소(Cl)원자 한 개와 결합해서 식염(NaCl)이 된다(그림 1-7). 그런데 탄소는 어째서 4개의 염소와 결합해서 4염화탄소가 되는 것일까. 당시의 화학으로는 전혀 알 수가 없었다.

케쿨레는 흔들리는 마차 속에서 꿈을 꾸고 있었다. 눈앞에서 원자가 뱅글뱅글 왈츠를 추고 있었다. 2개의 원자가 결합해서 한 쌍이 되기도 하고 커다란 원자가 2개의 작은 원자를 둘러싸기도 한다. 또 큰 원자가 사슬처럼 연결되어 작은 원자를 끌어당기고도 있었다……

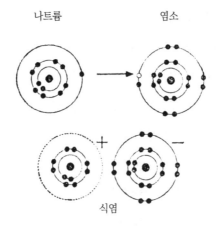

나트륨                     염소

식염

**그림 1-7 | 이온결합**

나트륨 원자(Na)와 염소원자(Cl)가 만나면 Na원자의 전자 1개가 Cl원자로 옮겨간다. 그러는 것
이 양자 모두 안정한 구조를 취할 수 있기 때문이다. 그 결과 Na는 플러스, Cl은 마이너스의 전기
를 띠며, 그 전기력에 의해 식염(NaCl)이 된다. 이와 같은 결합이 이온결합이다

꿈은 바로 들어맞았다. 탄소화합물 속에서 각각의 탄소는 사슬 모양으
로 연결돼 있고 그 사슬에 다른 원소가 언저리의 장식물처럼 주렁주렁 매
달려 있었다. 이윽고 그 추론으로부터 유기물의 분자구조가 결정되었고
일개 연구 조수에 지나지 않았던 케쿨레는 일약 학계의 스타로 등장하게
되었다.

케쿨레는 어렸을 때부터 과학을 좋아했고 또 그림에도 뛰어났다. 그래서
부모는 건축가가 되라고 권했으나 그는 반대를 무릅쓰고 화학을 택했는데
그림에 대한 그의 소질이 어쩌면 이 구조해명에 크게 도움을 주었을 것이다.

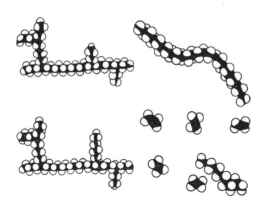

**그림 1-8 | 사슬의 분자**
에틸렌 분자는 서로 끌어당기며, 사슬을 만들거나 때로는 가지가 달린 사슬을 만든다

각 원자에는 저마다 다른 원자와 결합하기 위한 「손」(結合手)이 있다. 그 결합수는 한 개의 수소원자의 경우에는 하나이기 때문에 2개 이상의 다른 원자와는 결합하지 못한다. 그러나 산소는 2개이기 때문에 물(H₂O)처럼 두 손으로 2개의 수소원자와 결합할 수 있다. 탄소는 결합수가 4개이다.

그렇기 때문에 탄소는 긴 사슬의 화학구조를 만들 수 있다. 가장 단순한 탄소의 수소화합물의 구조는 메탄(CH₄)이다. 4개의 손이 있다고 해서 반드시 사슬이 만들어지는 것은 아니다. 이를테면 산소원자는 옆으로는 사슬을 만들 수 없다. 탄소와 탄소, 탄소와 수소의 각각의 결합은 전하(電荷)의 쏠림이 없는 안전한 결합(共有結合)이기 때문에 탄소가 이어진 사슬을 수소가 에워싼 구조를 취하게 되면 바깥으로부터의 공격에 대해 지극히 안정된 것이 될 수 있기 때문이다. 산소를 수소가 에워싸는 구조에서는

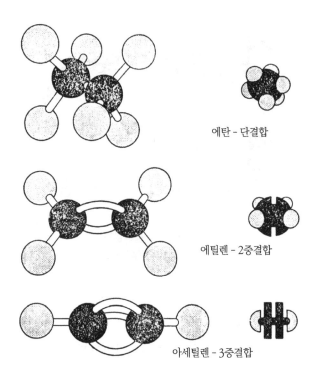

에탄 - 단결합

에틸렌 - 2중결합

아세틸렌 - 3중결합

**그림 1-9 | 결합한 손의 수에 따른 성질의 차이**

에탄, 에틸렌, 아세틸렌의 분자 내의 2개의 탄소는 각각 1개, 2개, 3개의 손으로 결합돼 있다. 따라서 가열하면 에탄분자는 완전히 분해되거나, 에틸렌 분자는 한쪽 손이 떨어져 이것이 다른 원자와 결합하므로 합성수지가 수없이 만들어진다. 아세틸렌에서는 그 성질이 더 세져서 폭발하기 쉽다

전자(電子)가 산소 가까이로 쏠리게 된다. 사슬처럼 옆으로 이어진 각각의 탄소에는 아직도 2개의 손이 비어 있고 양 끝의 탄소에는 3개의 손이 비어 있다. 간단한 형태의 것은 메탄의 형뻘인 에탄($C_2H_6$)이다. 에탄은 2개의 탄소가 결합한 것으로서 3개씩 빈손을 가졌고 양쪽 6개의 손에 수소가 각

각 결합해서 이루어진 분자이다. 3개인 탄소의 사슬은 어떨까? 빈손이 8개이고 이것에 수소가 각각 결합한 것이 라이터나 가정 연료로 사용되는 프로판($C_3H_8$)가스이다. 이런 결합을 계속해 가면 이치상으로는 무수히 많은 탄소화합물이 만들어질 수 있을 것이다.

탄소와 수소만으로 이루어진 탄화수소 외에도 유기화합물에는 탄소와 수소를 기본으로 하여 가장자리에 있는 수소 대신 산소나 질소가 결합한 것이나 다른 원자와 결합한 것도 있다.

때로는 한 개의 결합으로는 부족해서 2개 이상의 손을 뻗어 같은 상대와 결합하는 능청스러운 놈도 있다. 그렇다면 이와 같이 양손에 꽃 모양이 아닌 같은 상대와의 결합의 수가 늘면 결합이 그만큼 더 견고해지느냐 하면 그렇지는 않다. 도리어 반대이다. 탄소원자는 4개의 손을 사방으로 뻗어 있을 때가 가장 안정하다. 2개의 탄소원자가 2개 또는 3개의 손으로 서로 결합하면 남은 손에 변화가 생기게 되고, 그만큼 결합이 약해지기 때문에 산(酸)이나 열, 알칼리, 압력 등에 의해 쉽게 결합이 끊어진다.

이런 화학구조에 대한 이론을 알게 됨으로써 19세기의 화학자들은 금방 수만, 수십만이나 되는 화합물을 연달아 발견했다. 이렇게 유기물은 두 계통으로 크게 나눠지게 되었다.

하나는 탄소원자가 직선인 사슬이다. 기본은 메탄으로서 메탄이 직렬로 연결된 탄소원자의 사슬이다. 알코올, 글리세린, 양초, 비누, 세제 등이 이에 해당하며 「지방족(脂肪族)」이라고 명명되었다.

또 하나는 지방족보다 더 많은 탄소원자로써 이루어진 분자이며 다른

화학물질과도 잘 결합하는 물질이다. 독특한 냄새가 있기 때문에 「방향족
(芳香族)」이라고 불렀다.


## 꼬리를 문 뱀

문제는 지방족과 방향족의 차이가 무엇 때문에 생기느냐는 것이었다.
왜 방향족은 지방족보다 반응성이 강한가? 왜 방향족에는 적어도 6개의
탄소가 들어가 있는가?

케쿨레는 다시 꿈을 꾸었다. 이번에는 난롯가의 의자에서 꾸벅꾸벅 졸
고 있을 때였다. 빽빽하게 길게 한 줄로 늘어선 숱한 원자의 무리(群)가 움

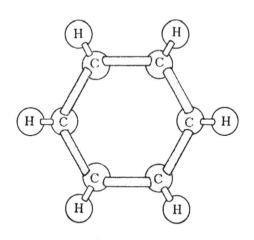

**그림 1-10 | 벤젠분자의 구조**
오랫동안의 수수께끼였던 이 구조는, 케쿨레가 꼬리를 문 뱀 꿈에서 힌트를 얻어 탄소 6개가 고리
로 연결된 6각형의 벤젠고리를 그려서 해결했다

직이며 뱀처럼 꿈틀거리고 있었다. 놀랍게도 그중의 한 뱀이 자기 꼬리를 입에다 물고 케쿨레를 비웃듯이 눈앞에서 뱅글뱅글 맴돌기 시작했다.

꼬리를 물고 있는 뱀-이 꿈이 탄소원자가 고리(環)로 연결된 6각형의 벤젠핵(核)의 분자구조로 굳혀졌다(그림 1-11). 이 아이디어가 바탕이 되어 사슬 모양 화합물(鎖狀化合物)과 고리 모양(環狀) 화합물의 두 종류로 분류가 확립되었다. 이것들은 모두 탄소원자의 결합력이 낳게 한 구조이다.

무한에 가까운 원자로 이루어진 천연의 유기물, 오늘날 말하고 있는 고분자(高分子)는 이렇게 해서 모두 사슬이나 고리의 구조로 이루어진다는 것이 판명되었다. 얽혔던 실이 풀리듯이 케쿨레의 발견은 각종 유기물의 분자구조를 연달아 결정해 나갔다.

하지만 아직도 커다란 수수께끼가 남아 있었다.

# 3. 완전한 과학자

## 촛불의 연기 속에서

1830년대의 일이다. 파리의 튜이왈리 궁전에서 샤를르 10세가 밤에 연회를 벌이고 있었다. 그런데 연회장 테이블 위에 세워 두었던 큰 양초에서 갑자기 거무죽죽하고 매큼한 연기가 났다. 좌중의 신사, 숙녀들은 얌전을 빼며 기침을 삼키느라 눈을 희번덕거려야 했다.

신하들은 어쩔 줄 몰라 하며 곧 호기심에 가득 찬 학자에게 조사를 명령했다.

왜 그런 연기가 나왔을까-라는 질문을 받은 화학자 장 바티스트 뒤마는 실험실로 그 양초를 가져왔다.

조사해 보니 양초를 표백하기 위해 사용한 염소가 양초 속에 섞여 있었기 때문이었다. 연기의 정체는 바로 이 염소였다. 게다가 염소는 양초의 주성분인 수소원자 몇 개와 치환되어 새로운 화합물을 형성하고 있었다. 「치환의 법칙」은 이렇게 해서 뒤마에 의해 발견되었다.

그러나 뒤마의 설은 당시의 보수파 화학자들의 반발을 샀다. 몹시 싫증이 난 뒤마는 이론화학자의 자리를 버리고 정치로 전향하여 쉰두 살에 프랑스 상원위원이 되었다. 뒤마는 뒤에 후세 사람들로부터 「완전한 과학자」라고 일컬어진 대화학자 루이 파스퇴르를 세상에 내보냈다.


## 중간치 성적이었던 천재

나폴레옹군의 준위로 복무하다가 군대 생활을 집어치우고 남프랑스에 있는 주라산 속의 한 작은 마을 도르에 은거한 사나이가 있었다. 도르는 로마제국 이래 전통적인 피혁(皮革)기술을 간직하고 있는 이탈리아의 국경 가까이에 있는 마을이었다. 그는 군대 생활에서 피혁의 중요성을 톡톡히 깨달았다. 그래서 도르에서 피혁공장을 시작했는데 나폴레옹전쟁 때처럼 장사에 재미를 보지 못했다. 이윽고 그도 여느 부모들처럼 외아들 루이에게 장래의 희망을 걸게 되었다. 루이 파스퇴르는 1822년에 태어났다. 학업성적이 우수한 것도 아니었고 장래에 희망을 걸만한 편린조차 엿볼 수 없었다. 부잔슨 사범학교의 졸업성적도 중간쯤. 이럭저럭 파리의 고등사범학교에 들어갔다. 입학시험에서는 화학 성적조차 「가」였다.

어려운 살림에서 파리 유학을 보내주시는 아버지와 누이들을 생각하며, 루이는 학문으로 입신해서 유명한 교수가 되려고 위인전을 탐독했다. 우연히 소르본대학에서 고명한 화학자 뒤마의 화학 강의를 듣던 중 그는 화학자의 길을 택하기로 결심했다. 다행히도 그는 뒤마 이외에도 좋은 스승들을 만날 수 있었다.

뒤마는 이미 눈부신 업적을 쌓은 학자이자 우수한 교사이기도 했다. 게다가 학계의 원로이자 정계의 실력자였다. 그런 뒤마로부터 루이는 40

년 동안 친교와 두터운 보살핌을 받았다. 다른 또 한 사람은 칼리지 더 프랑스의 교수인 장 바티스트 비오 교수였다. 화학과 결정학(結晶學)의 권위자로 받들어지고 있던 원로이다. 고등사범학교의 도서실에서 이 대권위자 비오의 결정에 관한 논문을 읽고 있던 루이는 큰 의문을 품게 되었다. 그 논문은 주석산(酒石酸)과 라세미산의 성질에 대해 기술하고 있었으나 어딘가 잘못된 데가 있다고 그는 생각했다. 그래서 실제로 실험실에서 주석산과 라세미산을 만들어 결정을 조사해 보았다.

문득 머리를 스치는 것이 있었다. 파스퇴르는 라세미산의 결정을 큰 돋보기를 통해 들여다보았다. 그러자 의외의 일을 발견했다. 라세미산의 결정은 비대칭(非對稱)인 이를테면 실물과 거울에 비친 모습, 오른손과 왼손의 관계-로 서로 겹쳐지지 않는 다른 2개의 군(群)으로 이루어져 있음을 알게 되었다.


## 광학 이성질체의 발견

놀랍게도 그것의 한 군(群)은 주석산과 똑같으며 편광을 우로 선회시키고(D형), 또 한 군은 좌로 선회시키고 있었다(L형). 이 둘이 같은 양으로 혼합된 것이 라세미산이었다. 그러므로 편광을 회전시키지 않는다. 더구나 편광을 좌회전시키는 주석산은 그때까지 아무도 본 적이 없었다.

파스퇴르는 춤을 추며 기뻐했다. 이 발견으로 라세미산의 화학적인 정체가 파악되었다. 그는 결정과 편광과 빛이 선회하는 성질 가운데는, 분자구조에 대한 새로운 이론이 숨겨져 있다는 것을 간파했다. 즉 광학(光學) 이성질체의 발견이었다. 라세미체, 광학 이성질체에 대해서는 제5장 「왼편 감이의 수수께끼」에서 자세히 설명하기로 하고 이야기를 계속 하자.

흥분한 파스퇴르는 연구실을 뛰쳐나와 동료들을 이끌고 룩셈부르크 공원으로 가서 끝도 없이 그 실험에 대한 이야기를 떠들어댔다. 1848년의 일이다.

돌고 돌아 이 에피소드가 비오 교수의 귀에 들어갔다. 고등사범학교를 갓 졸업한 젊은이가 주석산의 수수께끼를 해명했다니 원로 비오도 내버려 둘 수는 없었다. 그러나 역시 비오는 거물이었다. 파스퇴르의 소원을 받아들인 비오는 자기 연구실에서 그에게 실험을 다시 시켜 보았다.

「자네, 오른손의 결정이 편광면을 우로 돌리고, 왼손의 것이 좌로 돌아가게 한다는 것이군. 좋아, 그다음은 내가 해보지……」 비오는 자신이 용액을 조정한 다음 파스퇴르를 실험실로 불러들였다. 편광면은 어쩜 멋지게 좌로 선회하지 않았던가! 비오는 파스퇴르의 부드러운 손을 잡으며 감개무량하게 말했다.

「나는 이 나이에 이르기까지 긴 세월 동안 과학을 사랑해 왔어. 그런 만큼 이런 진실에는 감동하게 된다네」-노대가(老大家) 비오의 이 감동 어린 표현은 과학사에서 엄청난 여운을 주고 있다.

미국의 경제학자이며 사회학자인 K. E. 볼딩 교수에 따르면 과학자에게는 다른 사람들과는 달리 특서할 만한 윤리, SCIENTIFIC ETHIC이라고 할만한 것이 있다고 한다. 첫째는 그칠 줄 모르는 호기심, 둘째는 정확성의 존중, 다시 말해서 자기 학설이 잘못되어 있으면 그 잘못에 대해 지적당하는 것을 도리어 기뻐한다는 윤리, 셋째는 실험의 추인(追認)이다. 비오야말로 이 SCIENTIFIC ETHIC에 비추어 볼 때 마땅히 존경받아야 할 과학자라고 하지 않을 수 없다.

파스퇴르의 출세작 『결정의 형태, 화학조성, 선광성(旋光性)의 방향 사이에 존재할 수 있는 관계』는 이렇게 해서 비오와 뒤마의 연명으로 화려하게 과학 아카데미에 보고되고, 파스퇴르는 일약 국제적인 저명인사로 각광을 받게 되었다. 루이의 이 첫 업적은 그 후 20년이 지나 입체화학(立體化學)의 탄생을 촉진하게 된다.


### 생화학의 탄생

파스퇴르의 전 생애에 걸친 업적에서 본다면 이 주석산에 대한 일은 아주 사소한 솜씨 시험에 지나지 않는다. 그는 주석산으로부터 효모(酵母)의 작용 그리고 발효(醱酵) 연구로 발전한다. 그때만 해도 포도주의 나라 프랑스조차 발효는 죽은 효모의 화학적 분해로써 생기는 순수한 화학작용이라고 믿고 있었다. 파스퇴르는 그것의 반대라고 주장하고 발효는 생명의 과정 바로 그 자체라는 것을 실증했다. 식초는 이러한 미생물이 술을 분해해서 만들어진 것이고 부틸산(酪酸)은 썩은 버터로부터 만들어진다는 것을 발견했다.

인간에게 쓸모가 없는 것으로 변화되는 현상이 「부패」(腐敗)이고 유익

**그림 1-11 |** 루이 파스퇴르

한 것으로 변화하면 「발효」라고 한다. 만일 공기 속에 미생물이 전혀 존재
하지 않는다면 고기는 바싹 말라 버리는 수는 있어도 절대로 썩지 않는다
는 것이 파스퇴르의 주장이다. 이 주장은 구더기가 〈생긴다〉는 당시의 통
념으로 보면 정말로 충격적인 일이었다. 더군다나 의학계에서는 화학자
가 의학의 영역으로 침범한 데에 노여워했다.

　그러나 과학은 고마운 것이다. 여러 가지 사실이 여지없이 입증해 준
다. 파스퇴르가 말한 대로 산욕열(産褥熱)이 높은 임신부의 사망률이 살균
처리만으로도 현저히 줄어들었다. 갖가지 동물실험도 모두 그의 설을 뒷
받침했다.

　프랑스과학원에서도 결국 세균이라 할지라도 인간처럼 부모가 있어
서 자식이 생긴다는 사실을 인정했다. 아리스토텔레스 이래 확고부동한
자리를 지켜오던 생물의 자연발생설(自然發生說)은 이리하여 입장을 바꿔 정

체를 알 수 없는 이단적인 학설이 되고 말았다.

이윽고 그는 포도주가 썩어 가는 병을 저온살균(파스퇴르제이션)을 통해 극복하여 해마다 프랑스 전국에서 5억 프랑에 이르던 손해를 구제하게 되었다. 더구나 파스퇴르의 천재성은 조금도 시들지 않고 이어서 백신의 제조에 성공해서 면역학(免疫學)을 창조했다.

이 위대한 천재가 포도주라는 프랑스의 특수한 풍토와 환경을 충분히 활용해서 그 재능을 발휘했다는 것은 머리에 새겨둘 필요가 있을 것이다. 또 리일대학의 첫 강의에서 그는 이렇게 말했다.

「그 손에 가령 감자를 얹어놓고, 그 감자에서 당(糖)이 생기고, 그 당에서 알코올이, 그 알코올에서 에테르와 식초가 생긴다는 것을 알게 될 때, 이것에 금방 호기심이나 흥미를 갖지 않을 청년이 과연 있을까?」

그러나 이론이 없으면 실행은 단지 습관에서 생겨난 일과(日課)에 지나지 않는다. 이론만이 발명의 정신을 낳게 하고 이것을 발전시킬 수 있다.

지금 당장 응용할 수 없는 모든 과학을 경멸하는 소견 좁은 사람들의 의견에 동조해서는 안 된다. 벤자민 프랭클린의 재치 있는 말을 여기서 상기해 주었으면 한다. 그가 어느 날 순수과학상의 실험을 해 보였을 때 관중들이 이렇게 말했다. "그런데 그것이 무엇에 소용됩니까?" 프랭클린은 이렇게 대답했다. "갓난아기는 어디에 소용될까요?"- 이론의 발견은 그것이 단지 존재한다는 가치가 존재할 뿐이다. 그러나 그것은 희망을 솟게 한다. 그저 그뿐이다.

그러나 그 이론을 키워보는 것이 좋다. 어떤 훌륭한 것으로 성장하느냐를 이윽고 알 때가 오리라……라고.

파스퇴르는 순수과학과 응용과학 사이에는 결코 진정한 구별이 없다는 것, 양자가 모두 같은 지식의 스펙트럼 각 부분에 지나지 않는다는 것을 가르쳐 주었다.

# 4. 아미노산 연구의 시조

## 습진에 시달린 근엄한 학자

단백질, 아미노산 연구의 시조 에밀 피셔는 1852년 10월 독일 본에서 약 30km를 떨어진 오이스키르헨의 농가에서 태어났다.

부친은 농민이면서 진보적인 상인이기도 했다. 방직공장도 경영하고 양조업에도 참여했다. 그는 외아들 에밀을 목재상으로 만들려고 했으나 에밀이 그것을 싫어했기 때문에 마침 라인 지방에서 화학공장의 발전을 눈여겨보고 있었던 부친은 그에게 화학자의 길을 택하게 했다.

피셔를 만나본 적이 있는 사람은 그로부터 도저히 잊을 수 없을 만큼 강한 인상을 받았으면서도 그의 인물상을 명확하게 묘사해 내지는 못했다. 그는 활발하고 성실한 인품과 예민한 눈빛 등, 19세기의 유럽 화학계를 영도한 독일 화학자의 전형적인 타입이었다.

피셔는 매일 칼라가 달린 회색 상의를 입고, 빳빳한 모자를 쓰고 실험실로 나갔다. 교제를 싫어하며 위엄과 침착성을 지닌 인물이었다. 그의 업적은 파스퇴르나 합성염료를 발명했던 W. H. 퍼킨 등 대화학자의 논문과는 달라 일반적인 것이라고는 할 수 없다.

유기화학의 영역에 피셔가 발을 들여놓았던 때는 벤젠핵의 구조를 케

**그림 1 - 12 |** 에밀 피셔

쿨레가 결정한 시대였다. 유기화학 연구의 황금시대 시초이기도 해서 피셔의 착실한 방법이 그 나름대로 공헌할 수 있는 기회가 굴러다니고 있었을 것이라고 생각된다.

그가 대학에 조교로 있을 무렵, 한 학생이 실험 중에 엉뚱한 실패를 저질렀다. 피셔는 그 실험을 다시 살펴보다가 페닐히드라진을 발견했다. 그 이후 이 약품이 일생 동안 피셔의 마음을 사로잡게 되었다.

이 방향족 염(塩)이 여러 가지 당과 결합해서 융점이 낮은 멋진 결정성 물질을 연달아 만들었다. 페닐히드라진을 써서 그는 여러 종류의 당류를 분리하는 데 성공하여 당의 동정(同定), 화학연구에 이 반응을 응용했다. 한편 그는 이 페닐히드라진 때문에 일생 동안 만성습진과 악성 위장장해에 시달렸다.

페닐히드라진을 기름 상태로 단체(單休)로 분리하는 데 처음으로 성공한 그는 이윽고 탄수화물의 연구로 옮겨가 1902년 노벨상을 수상했다. 베를린대학의 교수가 되고 나서는 단백질을 연구했다. 이를 통해 생물 세포의 주성분인 단백질은 매우 복잡한 구조이기는 하지만 비교적 단순한 아미노산이 결합해서 이루어져 있다는 것을 증명했다.

특기할 일은 1,500개 정도 되는 분자량을 가진 단백질의 조각을 그가 실제로 합성하는 데 성공한 일일 것이다. 생물의 구성물인 단백질을 아미노산으로 분할한 다음 그것을 바탕으로 거꾸로 폴리펩티드를 합성했다.

그때까지의 유기화학에서는 분자량이 적은 비교적 간단한 구조를 대상으로 해서 약이나 염료를 만드는 것이 주된 연구였다. 피셔는 일상생활에 낯익은 유기물은 거의 고분자이므로 고분자를 연구해야 할 것이며 생화학(生化學)이야말로 미래의 과제라고 생각했다. 당이나 단백질의 연구에 착수한 것도 그런 생각에서였으며 그것은 당시로써는 매우 획기적인 생각이었다.

그는 그가 합성한 광학적으로 불활성(不活性)인 아미노산을 광학 이성질체로 분할하는 탐구를 진행하고 그것과 관련해서 각종 펩티드의 합성과 변화에도 성공했다.


### 비타민 B의 발견자 스즈키

1909년에 비타민 B를 발견하여 그때까지 일본의 풍토병처럼 불리던 각기(脚氣)의 원인을 규명한 것으로 유명해진 스즈키도 피셔의 제자였다.

단백질 연구를 위해 1899년 피셔의 연구실에 들어간 스즈키는 피셔로부터 이런 말을 들었다. 「자네는 몸이 빈약하군. 자네뿐 아니라 일본 사람의 체격은 좋지 않아. 이에 대해 고민하는 것이 자네 연구의 임무가 아닐까?」

그 이후 스즈키는 일본인의 체위와 영양에 관한 문제에 많은 관심을 쏟았고 또 많은 연구자를 길러냈다. 이를테면 스즈키의 제자인 마에다는 어육(魚肉)의 단백질 중에서 동물실험을 통해 최후로 발견된 아미노산인 트레오닌이 필수아미노산이라는 것을 규명하기는 했으나 아깝게도 구조 결정에는 실패했다.

쌀밥의 영양을 추구하고 있던 마에다는 쌀은 성장에는 바람직하지 못한 식품이지만 어육의 단백질을 보태면 좋은 결과가 나온다는 것으로부터 그 효과를 나타내는 물질이 무엇인가를 조사했다. 그 결과 옥시아미노산을 발견하여 이것이 트레오닌에 가까운 구조라는 것을 발견했다.


## 화학공업의 기초작업

피셔의 단백질 합성으로 복잡한 구조를 가진 고분자와 보통 분자의 차이는 단순히 그 크기의 차이뿐이라고 예상했다. 헤르만 슈타우딩거는 그 차이가 분자량과 분자구조에만 있다는 설을 발표했다. 또 그는 무생물과 생물의 각 분자의 유일한 상이점도 분자의 크기에 있다고 주장했다.

바꿔 말하면 보통 분자가 모여서 크고 복잡한 구조를 만듦으로써 생명이 인공적으로 창조될 가능성이 있다는 것이다. 슈타우딩거를 합성고분

**그림 1-13 | 슈타우딩거**
유기화학, 생화학, 고분자 화학은 그로 인해 확고한 학문체계를 갖추었다

자의 시조라고 부르는 이유이다. 1920년대의 일이다.

당연히 학회에서 슈타우딩거는 집중공격을 받았다. 만일 슈타우딩거의 주장이 옳다면 시험관 안에서 생명이 만들어질 것이라고 한다. 마치 중세기의 종교논쟁과 같았고, 괴테의 파우스트나 프랑켄슈타인 등의 괴기 과학소설을 실제로 연출한 듯한 대논쟁이 소용돌이쳤다. 이에 대해 슈타우딩거는 나무나 풀의 구성 요소인 섬유소(셀룰로스)를 전혀 다른 물질인 아세틸 셀룰로스로 변화시켜 다시 화학적 방법으로 원래의 셀룰로스로 재생해 보였다.

생물조직의 고분자를 화학으로 변화, 재생할 수 있다는 것을 증명해 보인 셈인데 그래도 공격은 그치지 않았다. 그래서 슈타우딩거는 고분자의 결합에서 자연의 법칙에 반한 신비 따위는 아무 데도 없다고 주장했다.

지금도 이 문제는 변함없이 새롭고도 낡은 문제이기는 하지만 그것은 별문제라고 하더라도 유기화학, 생화학, 고분자화학은 슈타우딩거에 의해서 확고한 학문적 체계를 갖추었다. 그 후의 화학공업의 기초를 쌓기 시작했던 것이다.

# 5. 영양학을 바꿔놓은 감상가

## 트립토판의 발견

소년기에는 나비를 쫓아다니고 청년기에는 탐정소설을 탐독하며, 미량영양소(微量營養素)의 개념을 창조했으며 숱한 비타민을 발견한 선구자로서 또 80세의 고령이 되어서도 나비 날개의 색소연구로 엽산(葉酸)을 발견해 낸 자칭 센티멘털리스트, 프레더릭 가울랜드 홉킨스 경(卿)이 있다. 이 영국의 선량한 화학자가 케임브리지대학에서 최초로 거둔 대발견의 실마리가 좀 별난 것이었다.

교실에서 대학 1학년 학생에게 단백질에 묽은 초산을 가하고 다음에 황산을 가하면 보라색이 된다는 실험을 시키고 있었다. 홉킨스의 장기인 색채실험이었다. 그런데 어쩐 일인지 보라색이 나오지 않았다. 진퇴유곡에 빠진 홉킨스 선생을 바라보며 학생들이 깔깔대고 웃었다.

아담키비츠반응이라 해서 이것은 어디서나 보통으로 하는 기본적인 화학실험이다. 실패할 턱이 없다. 그런데도 이상하다고 호기심에 사로잡힌 홉킨스는 다시 한번 실험을 반복해 보고 비로소 원인을 알아냈다. 초산이 불순하면 실험에 실패하는 것이다.

그래서 불순물을 추출해 보았다. 그것은 글리옥실산이었다. 실험이 실패한 원인은 판명되었지만 그래도 그는 만족하지 않았다. 동료 S. W. 코올과 함께 그 한 무리의 화합물을 찾기 시작했다. 거기서 트립토판의 추출에 성공한 것이다.

홉킨스는 생쥐 사료에 옥수수 속의 황색 단백질인 제인을 투여했다. 제인에는 트립토판이 없었다. 실험 결과는 명백했다.

제인만으로는 성장 중인 동물은 그 성장을 유지할 수 없다. 체중이 금방 줄어들기 시작한다. 그래서 제인에 트립토판을 첨가했다. 체중이 증가할 것이다. 그런데 늘기는커녕 줄어드는 것조차 막을 수가 없다.

아마도 제인에는 아직도 무엇인가 부족한 성분이 감춰져 있다. 그렇지 않으면 미발견의 아미노산이 있어서 그것이 부족하기 때문일 것이다. 이렇게 생각한 홉킨스는 그 빠진 성분을 연구해 나갔다.

'어떤 동물이든 순수한 단백질과 지방, 탄수화물만의 혼합식품으로는 살아갈 수 없다. 필요한 무기물을 충분히 첨가하더라도 동물은 역시 생명을 유지할 수 없다.'-1906년에 홉킨스는 이렇게 말했다. 그리고 1912년에 고심참담 끝에 그는 「정상적인 식사에서의 보조적 식품 요소의 중요성」이라는 논문을 발표했다. 이 업적으로 그때까지의 영양학은 근본에서부터 바뀌고 말았다.

트립토판을 전환기로 해서 그는 이른바 순수사료로는 자라지 못하던 쥐가 소량의 우유-그것도 단백질, 지방, 탄화수소로서는 영양상 전혀 쓸모가 없는 소량-로 쥐가 건강하게 자란다는 것을 알았다. 우유 속에 어떠한 성분이 포함돼 있다. 이렇게 연달아 비타민이 발견되었다.

## 일본에서의 아미노산 연구의 시조

에밀 피셔에 해당하는 일본에서의 아미노산 연구의 시조라고 한다면 사사키이다.

나중에 도쿄의 교운도(杏雲堂) 병원에 재단법인 사사키연구소를 부설하여 널리 알려진 그는 1902년 도쿄대학을 졸업한 뒤 스미가와연구실에서 약 2년간 생화학을 공부한 다음 단백질 연구로 알려진 호프마이스터 아래서 2년간, 그리고 다시 에밀 피셔 아래서 2년을 단백질과 아미노산의 연구에 종사했다. 귀국 후 교토대학의 교수로 취임하여 주로 아미노산의 대사(代謝), 특히 티로신의 세균대사를 테마로 삼았다.

그 무렵 단백질이나 단백질의 구성 요소인 아미노산이 부패하면 해로운 프토마인이 생긴다는 것, 이것이 썩은 단백질의 중독 원인이라는 것이 알려져 있었다. 그래서 각종 아미노산 중에서 티로신을 취해 이것에 세균이 작용하면 어떻게 분해(즉 부패)하느냐에 대해 사사키는 엄밀한 실험을 진행했다.

세균, 특히 프로데우스균이 티로신에 작용하면 그것을 티라민과 P-옥시페닐젖산으로 변화시킨다. 고초균(枯草菌)도 티로신을 옥시페닐젖산으로 바꿔버린다. 사사키는 이 양쪽 옥시페닐젖산을 비교하면 프로데우스균에 의한 경우는 우선성(右旋性)으로, 고초균의 경우에는 좌선성이 된다는 것을 발견했다. 광학 이성질체가 생성되는 것이다.

교토대학에서 도쿄의 사사키연구소로 옮겨 와 그는 다시 아미노산의 일종인 트립토판의 세균분해 작용을 조사하여 안트라닐산이 만들어지는

**그림 1-14 | 사사키**
일본에서 아미노산 연구의 시조이다

것을 발견했다. 히스티딘에서도 마찬가지로 세균분해 작용을 조사했다.

　이 방면에서 사사키의 특기할 업적은 일본에서 처음으로 아미노산의 합성에 성공한 일일 것이다. 디케토피페라진과 방향족 알데히드를, 초산을 가함으로써 결합시켜 그것을 요드화 수소산과 붉은 인을 만들어 환원하는 동시에 가수분해(加水分解)를 하면 방향족인 아미노산이 만들어진다는 합성방법의 발견이다. 이 방법은 지금도「사사키법」으로서 세계의 교과서에 소개되어 있다.

　사사키는 의학을 전공했고 스스로도 내과의사라고 일컬었으며 생화학의 연구는 부업이다-라고 전부터 말하고 있었다. 의사이면서 동시에 생화학자였다는 것은 오늘날처럼 학문이 전문화하고 심화된 시대에서 본다면 얼핏 보기에 매우 이상한 일이다. 그러나 스미가와 연구실, 호프마이스터, 피셔 등 당시의 제1급 생화학자에게 사사(師事)한 경력으로나 그 자신의 폭넓은 시야에서 기인했다고 할 수 있을 것이다. 이를테면 1927년, 일본 생화학대회의 특별강연회에서 그는 이렇게 연설했다.

「단백질화학은 순정(純正)화학자의 점유물도 아니고 또 생화학자의 세력권에 전속하는 것도 아니다. 모든 생물학 및 그것의 응용인 의학이나 응용화학은 단백질화학의 해명으로써 개발되지 않으면 안 된다. 특히 의학에서는 면역항체(免疫抗體)의 발생, 영양 문제, 독소(毒素), 독물 문제, 소화효소의 문제, 신진대사, 특히 중간대사에서의 문제, 기타 여러 가지 병적 및 생리학적 현상의 문제 등 단백질화학이 관계되는 바는 일일이 헤아릴 수 없을 만큼 많다. 에밀 피셔와 같은 천재도 단백질화학과 면역항체의 형성관계에 대해서는 전혀 손을 댈 수 없었다. 단백질화학은 단지 화학적 현상으로서 관찰할 것이 아닐뿐더러 또 생물학의 사실과도 모순이 있어서도 안 된다. 단백질의 구조설은 화학자나 생물학자를 모두 만족시키는 것이 아니면 안 된다.」

이 강연은 세계적으로 단백질화학이 혼란스러운 상태에 있었던 당시로써는 획기적인 탁견(卓見)이었다. 더구나 사사키나 피셔만 해도 그 단백질화학이 현재와 같이 아미노산과 펩티드의 분야에서 광범한 전개를 보여주고 또 유전학에까지 중요한 발달을 이루게 되리라고는 전혀 예상하지 못했다.

나중에 사사키는 타르 등 화학물질로서 인공적으로 암이 발생하는 기구해명에 노력했으며 그 가운데서 요시다 등 숱한 암 병리학자를 배출했다. 그러한 공로로 그는 1940년에 일본의 문화훈장을 받았다.

# 6. 이케다와 스즈키

## 나쓰메를 계발한 이케다

아카데미즘의 파격적인 존재요, 또 일본의 발명·발견에 관한 이 이야기에는 반드시 등장하는 학자가 도쿄대학 교수를 지낸 이케다(池田菊苗)이다. 그는 다시마의 밑 국물 성분이 글루타민산 소다이고 제5의 맛의 요소라는 것을 발견했으며 또 그것의 공업화에 공헌한 폭넓은 학자이기도 하다.

일본의 전통적인 무사 계급의 집안에서 차남으로 태어나 도쿄대학 이학부 화학과를 졸업한 후 그는 모교의 조교수를 거쳐 1899년 독일의 라이프치히대학의 F. W. 오스트발트 교수 아래서 2년간 연구 생활을 했다. 오스트발트는 1909년에 노벨상을 탄 물리학자이다. 거기서 주로 촉매(觸媒)를 공부했으며 이론화학을 전공했던 이케다에게 글루타민산 소다의 맛 성분이라는 실용적인 연구는 오히려 부업이었다.

그러나 그는 이른바 상아탑 속의 학자가 아니라 폭넓은 교양과 학식의 소유자로서 그의 독서 범위는 세계사, 마르크스의 자본론, 칸트 전집, 몽테뉴의 에세이, 대장경, 생리학, 병리학 등등에 미치고 있었다. 만년에는 화학자인 그가 고쿠가쿠인(國學院)대학에서 셰익스피어의 강의도 했다하니

**그림 1-15 | 나쓰메 소세키**
이케다와 같은 하숙집에서 살았다. 그 당시 둘의 교제가 그의 일기에 자세히 적혀 있다

가히 그의 교양과 학식을 짐작할 만하다.

독일 유학 말기에 이케다는 런던에 들러서 거기서 후에 일본의 대문호라고 일컬어진 나쓰메와 한 하숙집에서 생활했다. 그 무렵의 이케다와 나쓰메의 교류에 대해서는 나쓰메의 일기에 자세히 적혀 있다. 나쓰메가 문학론을 쓰게 된 것도 근본을 캐면 이케다의 영향이었다고 한다.

이케다의 과학연구에서의 지론은 사고방식으로는 물리학이 가장 뛰어났기 때문에 연구자는 먼저 물리학을 배워 그 사고방식을 익힌 다음 생물학이나 경제학으로 나가야 하며 그러한 기초에 입각해서 조사, 연구를 해야 한다는 것이었다.

당시 글루타민산이라고 하면 학계에서는 두루 알려진 물질이었다. 독일의 K. H. L. 리트하우젠이 1866년에 소량의 단백질=글루텐을 황산가

**그림 1-16 | 이케다 기쿠나에**
그의 연구가 오늘날 일본에서 아미노산 공업의 기초에 크게 공헌했다

수분해를 하여 새로운 아미노산을 단순한 형태로 분리하는 데 성공했다. 이것을 글루텐에 연유해서 글루타민산이라고 불렀다. 피셔는 이 글루타민산을 「맛이 없고 약간 시큼한 맛(GESCHMACH FADE)」이라고 1900년에 발표한 논문에서 말하고 있다. 글루타민산의 구조식은 볼프에 의해 해명되어 있었다.

그 무렵 식품의 맛이란 물질의 혼합에 의해서 생기는 것으로서 「단맛」, 「짠맛」, 「쓴맛」, 「신맛」의 네 요소로써 이루어진다는 생각이 지배적이었다.

이케다는 유물론의 발상으로부터 맛은 어떠한 화학물질에서 유래한다고 생각했다. 일본의 각 가정에서 사용하는 다시마의 밑 국물 맛도 신비의 산물이 아니라 어떤 화학물질에 의한 것이라고 생각했다. 단맛을 가져오는 설탕, 짠맛을 주는 소금처럼 「좋은 맛」에도 연유하는 성분이 있을 것이 틀림없다고 생각했다…….

1907년 봄, 도쿄대학의 실험실에서 다시마를 재료로 한 「좋은 맛」의 추출실험을 시작했다. 그 무렵에는 이미 인공감미료로 사카린이 있었다. 미각을 위한 인공적인 약으로는 이 사카린 외에는 전혀 없었다. 이케다는 다시마를 우려내서 나온 액체를 만들어 거기에서 끈적끈적한 성질의 물질을 제거하고 무기염류와 만닛을 결정화했다. 그런데 좋은 맛의 성분은 남은 액체에 있었다. 이것을 다시 분리하려 해도 뜻대로 되지 않았다.

전공 분야의 연구가 바빠서 전문 외의 이 실험은 일시 중단되었다. 그것의 재개를 결심하게 된 것은 이케다를 둘러싼 빚쟁이들 때문이었다. 이케다는 큰 면장집 자식이었기 때문에 그 집안에서는 가장 출세한 사람이라고 해서 친척들에 뜯겨 나날이 빚에 쫓기는 판국이었다.

그 당시 도쿄대학의 교수라면 사회적 지위가 대단한 것이어서 「장래는 박사냐 장관이냐」고 하던 그런 시대였다. 그러나 경제적으로는 유족하지 못했다. 이케다는 원래 가난은 모든 죄악의 근원이라고 생각하고 있었다.

여러 친척들로부터 뜯기고만 있어서 가난에서 벗어날 길이 없자 에라 이 나도 한번 돈이나 벌어보자고 생각했다.

실험을 재개해 보니 단 석 달 만에 이 좋은 맛의 성분이 놀랍게도 글루타민산염이고, 글루타민산염이 「좋은 맛」의 정체라는 것을 발견했다. 즉 찌꺼기 국물의 침전물로부터 대충 30g의 글루타민산이 나왔다. 학문적으로는 오히려 맥이 빠질 만큼 싱거운 발견이었다.

이 발견으로 일본 고래(古來)의 조미료인 간장이나 된장도 글루타민산염을 포함한 아미노산 계열 물질의 혼합이라는 것을 알았다.

이케다의 목적은 맛을 내는 성분 그 자체의 탐구가 아니라 그것의 공업화에 있었다. 그러므로 화학적으로 만든 글루타민산염이 다시마의 국물과 같은 물질이냐 아니냐를 확인해야만 했다. 동물성단백질인 비단, 식물성단백질인 콩과 밀가루를 각각 재료로 해서 산을 보태어 분해하고 그 속의 글루타민산염을 추출해 보았다. 과연 이 화학물질은 다시마의 좋은 맛 성분과 동일한 물질이었다.


## 글루타민산의 공업화

공업화를 할 때는 다시마처럼 비싼 재료가 아닌 쉽게 손에 넣을 수 있는 식물성단백질을 염산으로 먼저 처리한 다음 분해해서 그 속에서 글루타민산을 분리하여 중화(中和)한다. 그 뒤 바짝 조려서 결정화하는 것뿐이다. 이렇게 해서 글루타민산 소다를 만들기 위한 이론 연구가 1908년에 완성되었다. 그 후 1923년 이케다는 도쿄대학의 교수직을 그만두고 다시 독일로 건너가 1931년까지 8년 동안, 그 사이의 귀국 기간 2년을 제외하고는 라이프치히에서 연구 생활을 했다. 미국에서 사탕무의 폐액으로부터 글루타민산을 만드는 제조법이 발표되었기 때문에 그것을 다시 시험하고 연구하는 것이 목적이었다.

이미 이케다의 이름은 국제적으로 알려져 있었다. 일본에서도 그의 공적으로 문명개화, 발명, 발견은 돈벌이가 되는 일이라는 새로운 풍조를 낳았다. 근세 일본 사회에서는 서구에 「따라붙어라」라는, 말하자면 하나의 이상적인 인간상이 있었는데 그게 바로 이케다였다.

공업화를 위한 기술 개발은 물론 글루타민산 소다를 팔기 위해 그는 사회심리학까지 연구했다. 또 문호 나쓰메도 놀랄 만큼 영문학에 몰두해서 와세다대학의 영문과에서 연극론 강의를 맡기도 했다.

외면적으로 보면 이케다는 깜짝 놀랄 만큼 기발한 행동을 하는 사람이었다. 노일전쟁의 교훈에 따라 일본은 남양으로 진출해야 한다고 생각했다. 그러려면 석유가 필요했다. 그래서 남양산 고무로부터 석유를 만드는 기술을 개발하면 고무나무는 얼마든지 갖다 심을 수 있으니까 무한한 석

**그림 1-17 | 라이프치히역 앞**
이케다는 이 거리에서 8년간 글루타민산의 제조법을 연구했다

유 자원을 가진 것이나 다를 바 없다고 생각했다.

고무를 건류(乾溜)해서 이소프렌이라는 탄화수소, 즉 석유의 합성에 성공했다. 오늘날의 석유화학에서 석유로부터 플라스틱을 합성하는 과정의 반대 공정이다. 그러나 공업화까지에는 이르지 못하고 말았다.

이케다가 그의 생애에 걸쳐 완성한 것은 결국 글루타민산 소다 하나뿐이었다. 그 무렵의 과학은 오늘날만큼 세분화되어 있지 않았다. 무엇이든 손을 댈 수 있었고 세상도 대학교수에게 물어보면 무엇이든 다 알 수 있다고 단정하던 시대였다.

그것은 이른바 일본의 명치유신(明治維新)의 문명개화 후 몇 해 만에 이루어진 일본의 얼마 안 되는 세계적인 연구성과의 하나였다. 그러나 이것을 공업화하여 오늘날 세계 제1의 자리로 기초를 쌓은 것은 당시의 일본에서는 드물었던 한 기업의 공적이었다.


## 글루타민산

이케다가 좋은 맛의 물질인 글루타민산을 발견했을 당시 가나가와현 하야마라는 곳에 마흔을 갓 넘은 기업가 스즈키가 있었다.

그는 어머니께서 물려받은 해초로부터 요오드를 제조하는 사업을 하여 간토오(關東) 요오드 동업조합의 초대 조합장을 맡았고 또 요오드 제조의 부산물로서 용도가 없었던 염화칼리를 원료로 해서 질산칼륨도 만들고 있었다.

당시는 청나라, 노서아, 일본의 변동기였는데 군수품인 요오드, 질산(硝酸)은 폭등과 폭락을 되풀이하고 대개의 관련 기업들이 비명을 지르는 가운데서 스즈키의 회사만은 변동이 있을 때마다 다른 공장을 매수하여 사업을 확장하고 있었다. 그는 싸고 안정된 원료를 확보하고 있었던 것이다.

이케다는 글루타민산염 조미료의 특허를 받아 화학조미료와 간장의 사업화를 재계 인사들에게 종용했지만 아무도 관심을 가져주지 않았다. 그 이유는 세 가지였다.

첫째는 당시 노일전쟁 후의 불황기여서 사업계에 적극적으로 새 사업을 일으킬만한 여유가 없었다.

둘째는 이 기술에 대한 신뢰성에 있어서 일본의 재계 인사들은 판단이 서지 않았다. 지금도 그렇듯이 일본인에 의한 보기 드문 독창적인 연구를 일본 내에서 객관적으로 평가하는 능력을 기대할 수 없었다. 유신 후 얼마 안 된 이 시기에 서양화 풍조가 물밀듯 소용돌이치는 가운데 당시로써는 더욱 그런 풍조가 심했을지도 모른다.

셋째로는 글루타민산 소다라는 화학물질의 새 상품이 어느 정도의 시장가치를 가질지는 사업가들에게도 전혀 예상이 서지 않았다. 당시의 일본 경제인들은 정부와 손을 잡고 기업을 발전시키고 있었다. 서구로부터의 기술도입은 정부의 부국강병(富國強兵) 정책을 따르거나 서구에서 충분히 시장가치가 인정된 것으로 한정되어 있었다. 기술은 도입으로 감당하고, 상품시장 개척의 노력도 필요하지 않다는 환경 속에서 일본의 재계 인사들은 살고 있었다. 자본주의 사회에서의 기업가 정신이라고는 하지만 그것은 뻔한 것이었다.

이 모험에 도전한 스즈키는 특별히 이케다와 친했던 것도 아니지만 「도쿄대학에서 다시마의 연구를 하고 있는 선생이 있다」라는 소식을 전해 듣고 요오드의 새로운 채집방법이라도 개발했으면 하고 그저 이케다의 연구실을 방문했을 뿐이었다.

그때가 다시마의 좋은 맛의 성분 정체가 글루타민산이라는 것을 이케다가 규명해낸 때였다. 스즈키는 이케다의 실험실에서 만든 그 물질에 중조(重曹)를 섞어 찻잔에 담아 맛을 보았다. 맛은 좋았다. 그러나 끓는 물을 넣으면 쉬익 하고 거품이 인다. 실용적으로는 과연 어떨까 하고 그는 생

**그림 1-18 | 글루타민산의 레이블이 붙여진 병**
도쿄대학에 보존되어 있다

각했다. 이케다와의 교제도 여기서 일단 끊겼다. 나중에 재계로부터 연달아 거절을 당한 이케다는 이때 문득 스즈키를 떠올리고 그에게 의지해야겠다고 생각했다.

가령 재계의 일부가 움직여서 화학조미료가 시장에 나갔다고 하자. 그러나 군·관·민의 제휴에 의한 기성 기업가들의 손으로 화학조미료가 오늘과 같이 세계진출이 가능했을지 어떤지는 의심스럽다. 이케다는 그 당시 일본 사람들에게 글루타민산을 익숙하게 만들고자 한자를 따서 「具留多味酸(구유다미산)」이라고 해서 첫 결정이 든 병에 이 레이블을 붙였다고 한다. 이 병은 현재 도쿄대학에 보존되어 있다.

글루타민산은 아름다운 결정이었지만 글루타민산 소다를 순수하게 결정체로 만들 수 있을 만한 기술이 당시에는 없었다. 그러므로 처음에는 오늘날의 화학조미료처럼 깨끗한 결정체가 아니라 연노랑 색깔의 가루였다.

스즈키는 기업화에 나서기 전에 해야 할 일이 많았다. 얼마나 팔릴까? 그는 요정을 찾아다니며 글루타민산 소다의 맛을 평가받았다. 첨가물로서의 안정성은 내무성 위생시험소에 의뢰해서 1909년 10월에 보증을 받았다.

다음은 흥망을 건 기업 정신이다. 요오드와 질산칼륨의 화학공업에는 20년의 경험이 있었고 영업기반은 호·불황의 물결을 충분히 이겨나갈 만큼 자신이 있었다. 그러나 미지의 사업에 착수한다면야 전력투구를 하지 않으면 성공을 기대하지 못한다. 요오드 사업을 친척에게 떠맡겼다.

공장은 노일전쟁 당시에 알코올과 질산을 만들던 공장을 충당하기로 하고 처음에는 다시마를 원료로 해서 만들 예정이었다. 그러나 엄청나게 많은 양의 다시마를 쓰지 않으면 글루타민산 소다가 얻어지지 않는다. 수율(收率)이 나쁘다. 다행히 금붕어의 먹이인 밀기울의 단백질은 글루타민산이 30%나 된다는 것이 판명되었다. 그 밀기울은 밀의 글루텐을 말린 것이다.

그래서 밀가루의 단백질을 알칼리와 산으로 끓인다. 즉 강한 염기와 산으로 단백질을 구성하는 결합을 절단하면 아미노산군이 생겨날 것이다. 그래서 밀의 단백질이 원료가 되었다.

# 7. 라세미화와의 싸움

## 염산법의 고민

밀가루를 먼저 녹말(탄수화물)과 단백질로 나눈다. 다음에 진한 염산을 이 단백질에 가하고 가열한다. 그것이 식으면 이 속에 글루타민산의 염산염(鹽酸鹽)이 생긴다.

다행히도 글루타민산 염산염은 진한 염산에는 녹지 않는다. 같은 류의 아미노산이라도 아스파라긴산은 녹아버린다. 아스파라긴산은 보통 농도에서는 시큼하기만 하고 좋은 맛이 없다.

가령 글루타민산이 아니고 아스파라긴산에 더 강한 좋은 맛이 있었다면 진한 염산에 그 염산염이 녹아서 도저히 추출할 수가 없다. 즉 공업화는 불가능했을 것이다. 행운의 여신이 나타난 것이다.

진한 염산에 의해 침전된 결정체 글루타민산의 염산염을 다음에는 가성소다에 가해서 적당히 중화했다. 이렇게 해서 글루타민산을 얻었다.

그 무렵 일본에서는 식염(NaCl)을 전기분해해서 만든 가성소다가 제지·펄프공장이나 인견공장에서 한창 쓰이고 있었다. 가성소다의 생산공장에서는 동시에 부산물로 나오는 염산을 처리하는 데 큰 골치를 앓고 있었다. 대량의 용도가 없기 때문이다. 거기에 이 염산을 대량으로 소비할

기업이 탄생한 것이다. 스즈키의 회사는 그 후 생산의 증가와 수반해서 금방 염산의 대량 수요자(당시 생산량의 60~70%)가 되었다.

그런데 그 염산으로 인해 처음부터 무척 시달림을 받아야 했다. 실험실 정도의 규모라면 플라스크 속에서 일이 모두 끝난다. 그러나 공장에서는 진한 염산을 쏟아 넣고 휘저어 끓여야 한다.

진한 염산에서는 자욱한 흰 연기가 뭉게뭉게 솟아오르고 코를 찌르는 독한 냄새 때문에 근방에 있는 농가로부터 악취공해에 대한 불평과 항의가 연달았다. 그것에 대한 보상 문제가 골칫거리인 데다 작업하는 공원들의 건강에도 지장이 생겼다. 또 공장에서 별의별 종류의 용기를 다 써보았지만, 대부분의 용기는 금방 구멍이 뚫렸다. 수입해 온 고급 법랑용기도 육안으로는 잘 보이지 않으나 바늘구멍에서 금방 부식이 퍼져 나갔다. 사기용기라도 농염산을 넣어 끓이기 때문에 금방 금이 가고 깨져 버린다.

어차피 깨질 바에야 싼 물건으로 하겠다고 해서 찰흙으로 빚은 값싼 항아리를 썼더니 그래도 두 달쯤은 쓸 수 있었다. 이런 항아리를 수십 개 늘어놓고, 공원들은 코와 입을 손수건으로 가리고 굵은 각목으로 들어 올린 항아리를 코크스화덕 위에 올려놓았다. 20시간쯤 끓인 다음 찬 염산을 추가했다.

어느 정도로 중화시켜야 글루타민산의 수율량이 최대가 되는 것인지 그 정도를 계측할 방법도 당시에는 불충분했다. 작업원들은 그것을 자기 혓바닥으로 핥아보고 혀에 느끼는 감각으로 판단하는 사람도 있었지만, 몇 해 동안 그런 짓을 하면 염산 때문에 이가 녹아서 당시의 작업원들 가운데는 이가 없는 사람도 있었다고 한다.

이 항아리는 나중에 화강암을 깎아내 만든 돌솥으로 교체되었다. 화강암 솥에 돌뚜껑을 덮고 솥에는 진한 염산을 넣어 끓였다. 웬만큼 식은 뒤에 진한 염산을 보태서 흙항아리로 옮겨 냉각하면 글루타민산 염산염이 응축된다. 이것에서 액체분을 짜내는 데는 내산성이 강한 압축기를 사용했다.

1930년대 초기, 다시 독일로 유학 갔던 이케다로부터 쇠로 만든 용기에 고무를 녹여 바르는 방법이 소개되었다. 고무라고 하지만 에보나이트와 같은 물질이었다. 1934년 독일의 고무내장 기술자를 보유하고 있는 그미탱크 회사로부터 기술을 도입했다. 이것으로 새로운 분해용 내산성 솥이 출현했다. 염산 문제의 일부가 해결된 것이다.


## 실험실과 공장의 갭

그러나 염산에 의한 작업원들의 건강과 악취공해에 대한 불평과 항의가 문제였다. 또 월산 2톤 정도로는 채산이 맞지 않는다. 그래서 본격적인 새 공장을 다마가와 하류의 배밭에다 세웠다.

새 공장에서는 단백질의 분해에 염산 대신 황산을 쓰기로 했다. 이론적으로 보면 황산으로도 염산과 마찬가지로 제조가 가능할 것 같다는 말이 있었기 때문이다. 황산을 쓰면 염산과는 달리 악취공해도 없고 종업원의 작업환경도 개선된다. 요오드 공장에서는 전부터 황산 취급에는 익숙하다. 용기도 납을 쓰면 부식되지 않는다. 그래서 미리 실험실에서 시험이 행해졌다.

그러나 황산을 쓸 경우에는 염산 때처럼 염산염이 만들어지지 않는다. 그래서 이 공정에서는 글루타민산의 칼슘염을 만든다.

먼저 단백질을 황산으로 분해한 다음 석회를 투입한다. 그러면 황산과 석회가 화학반응을 해서 석고(石膏)가 만들어진다. 이것은 바닥으로 침전하기 때문에 여과한다. 걸러낸 액체에 다시 석회류 보태서 이번에는 글루타민산을 불용성(不溶性) 석회염으로 침전시켜 이것을 분리한다. 이 석회염과 중조의 물속에서의 복분해(複分解)반응으로 불용성 탄산석회와 글루타민산 소다액을 얻어 탄산석회를 분리한 다음 농축해서 고체형 글루타민

그림 1-19 | 실험실과 공장의 캠

72

산 소다를 얻는 방법이다. 실험 결과는 바람직했다.

이 황산법으로 연산 45톤 예정의 새 공장이 건설되었다. 그렇게 1914년 9월에 조업을 시작했다. 그런데 어쩐 일인지 글루타민산은 만들어졌지만 핵심이 될 좋은 맛이 통 나오지 않았다. 더구나 수율량까지도 그때까지의 제조법에 비해서 훨씬 적었다.

수율량이 적은 이유는 대량의 석고가 액 속의 글루타민산의 상당한 양까지 혼입한 채 침전하기 때문이다. 그러나 맛이 다른 이유는 무엇일까? 조사결과는 뜻밖의 것이었다.

1장 3절 '완전한 과학자' = 광학 이성질체의 발견에 관한 파트에서 주석산의 광학 이성질체에 대해 설명한 바 있다. 파라 주석산이라고도 불리는 라세미체가 D형과 L형의 혼합물이라는 것을 소개했었다.

실은 글루타민산의 좋은 맛을 내는 성질은 L-글루타민산에 있는 것으로 D형에는 전혀 맛이 없다. 그러므로 라세미체인 D와 L의 동량 혼합물인 글루타민산 소다에서는 맛이 반감되는 것이다. 황산법에서는 어쩐 일인지 글루타민산의 일부가 이 라세미체로 되어서 생산되었다.

이 황산법의 결함을 극복할 수 없는 한 황산법의 공정을 포기하는 수밖에 없다. 당초 실험실의 데이터로 단번에 큰 설비를 갖춘 공장을 건설한 것 자체가 무모한 일이었다.

이와 같은 무모한 일은 제2차 세계대전 중 미국에서도 있었다. 원자폭탄 제조의 비밀계획 「맨해튼 계획」이 그것이었다. 당시의 핵물리학이나 화학실험실, 기껏해야 파일(최초의 원자로)의 데이터에만 근거해서 일거에

20억 달러라는 거금을, 그것도 미지의 대형 기술개발에 투입하여 대생산 공장, 대연구소군을 3년간 건설하고 가동했다. 전시라는 특수한 결속과 미국의 종합적인 기술력 및 국가의식이 강렬한 육군공병대에 의해서 이러한 무모한 일도 성공적으로 매듭지어졌다.

이 새 공장에서도 원래는 먼저 파일럿 플랜트를 세우고 그 생산 실험을 경유해서 충분한 데이터를 낸 다음 그 후에 건설했어야 할 것이다. 그러나 당시의 일본에는 지주적인 기술개발의 경험조차 거의 없었고 하물며 파일럿 플랜트를 세운다는 멋진 사상이 없었다.

이리하여 새 공장의 설비비 전체와 투입한 원료 6천 부대가 송두리째 시궁창에 버려진 것과 같은 결과가 되었다. 책임자가 자살까지 하려 했다가 그만둔 것은 당시 가와사키 등에서 갓 개통된 게이힌 선의 연속적인 고장 덕분이었다. 구미로부터 최첨단 기술을 도입해서 만들었다는 것도 역시 고장의 연속인데 미지에 도전하는 글루타민산 제조의 실패는 당연한 것이 아니냐는 자위에서였다. 얼마 후 새 공장은 원래의 염산법으로 시설을 개조했다.


### 순수 결정화

쓰라린 경험이었다. 라세미화는 황산법에서뿐만 아니라 정도의 차이는 있을지라도 염산법에서도 존재한다는 것을 알았다. 그래서 다음에는 라세미화율을 최저로 억제하는 일이 큰 목표가 되었다.

라세미화의 원인은 글루타민산 염산염을 소다로 중화해서 글루타민산으로 만들 때의 발열에 있다는 것이 규명되었다. 또 라세미화는 알칼리화도 관여하고 있었다.

더욱이 글루타민산의 수율량 향상에 필요한 중화제인 가성소다의 양을 그때까지의 불완전한 방법이나 작업원의 혀에 의존하지 않고 정량화(定量化)해야 한다는 것이었다. 그리고 연구실에서 산성 쪽에서 변색하는 많은 지시약을 사용해서 측정실험을 반복한 결과 염산염액의 pH가 3.2가 될 때까지(※ 물의 pH는 7) 소다를 주입하면 된다고 판정되었다. 이리하여 정확하고 쉽게 글루타민산을 분리할 수 있게 되었다.

라세미화율을 억제하고 글루타민산의 수율이 향상됐지만 아직 글루타민산 소다의 순수결정은 만들 수 없었다. 플라스코에서 실험실적으로 순백의 결정이 만들어졌다. 그것을 궁중에서 쓸 헌상품으로 만들고 있었는데 기술자의 입장으로는 이 정도의 품질인 글루타민산 소다를 공장에서 생산할 수 없다는 것은 말도 안 된다.

먼저 색깔을 없애기 위해 정당(精糖)공장을 본따 골회(骨灰)로 표백했다. 결정은 진공결정법으로 완성했다.

이렇게 해서 오늘날의 글루타민산 소다의 순백결정체가 1931년에 생산되었다.

전후에는 더욱 순화율(純化率)이 높아져서 전쟁 전 99%의 순도가 지금은 99.9% 이상까지 향상되었다. 그것은 기술자의 집념의 산물이다. 그러나 전쟁 전의 귀이개 같은 작은 숟갈로 떠서 썼던 황갈색의 것이 지금의 순백 결정체를 구멍이 뚫린 용기로부터 톡톡 뿌리는 것보다는 감칠맛이 있었고 맛도 좋지 않았을까?

그러나 옛날 것과 지금 것을 비교하는 일이란 그리 단순한 것이 아니다. 귀이개 한 숟갈을 소복이 담기보다 겉보기로는 어쨌든 톡톡 뿌리는 용기로 한 번 뿌리면 그 양이 훨씬 더 적다(1/2 내지 1/4에 해당). 화학적으로 이렇게까지 순수하게 만들어야 할지 어떨지? 하긴 글루타민산 나트륨 속의 불순물이 마음에 걸린다는 사람도 있으므로 그런 사람에게는 아직도 정제도가 부족할지도 모르지만-.

# 8. 뱀과 정보의 유통

## 아미노산 학자의 배출을 촉진

아미노산연구와 이용에서 일본이 현재 세계의 정상급에 있는 까닭은 일본의 관계기업에 의한 개발과 거기서부터 공급되는 실험재료, 연구 테마, 이것에 부응한 효소 화학에서의 오사카대학의 아카보리, 아미노산 발효의 도쿄대학의 사카구치 등 수많은 아미노산 연구가가 배출된 데에 있을 것이다. 그렇다면 어째서 아미노산 기업이 일본에서 발달하게 되었을까?

그 이유 중 하나는 일본에는 아미노산을 주성분으로 하는 전통적인 식품, 간장, 된장 등이 보급돼 있고 일본 사람의 미각이 구미 여러 나라에 비해 예민하다는 환경풍토 때문이다. 또 빠뜨릴 수 없는 것은 이른바 명치유신 이후에 진행된 일본국민의 서구화 사상일 것이다. 아주 미량의 가루만 뿌리면 맛이 달라진다-는 외래 과학·기술이 가져다준 새로움에도 무척 약하다. 그것이 거꾸로 받아들여지면 이런 에피소드가 생기게 된다.

「아지노 모도는 뱀에서 만들어졌기 때문에 영양이 된다」라는 뜬 소문이 일본에 나돌았다. 1917년의 일이다. 어디서 나온 소문인지 확실하지는 않았으나 뱀 장수가 이것을 자기가 파는 뱀의 선전에 이용했다. 소문이 소문을 낳아 「뱀 구이가 기분이 나쁘다면 어째서 매일 식탁에는 같은 것-아지노 모도-를 쓰고 있느냐」라는 것이었다. 요리점이나 가게에서도 징글맞다, 기분 나쁘다고 「아지노 모도」를 쓰지 않게 되었다. 한창 상품이 팔려나가고 매상이 늘만한 때였다. 단골손님은 물론, 이렇군 저렇군 입방아 찧기를 좋아하는 번화가의 요정이나 음식점의 종사자들, 요리 비평가

**그림 1-20 |** 과학의 신비성에 약한 일본인

들을 끌어모아 공장을 견학시키면 실컷 보고 한다는 말이 「모처럼 왔는데 정작 뱀을 버무려 넣는 현장을 못 봐서 유감이군」하며 정색을 했다. 이런 터무니 없는 의심 때문에 매상이 떨어져서야 큰일이라고 판단한 회사 측은 「맹세코 천하에 밝히노라. 아지노 모도는 결코 뱀을 쓰지 않는다」라는 제목으로 사장 명의로 이례적인 신문광고를 냈다. 1922년 8월에 있었던 일이다.

그런데 이 신문광고는 도리어 역효과로 끝났다. 뱀 이야기를 몰랐던 사람들에게까지 아지노 모도의 뱀 소문을 퍼트린 셈이 되었다. 「저렇게 선전하는 데는 역시 뱀으로 만들었기 때문일 거야」라는 소비자의 해석이다. PR의 어려움. 식탁과 직결되는 상품의 특수성. 이 성명의 배후에는 자기 회사의 제품의 순수성과 명성에 대한 긍지가 깔려 있다. 더구나 세상에 대한 회사의 성가를 유지하는 것 등에 최대의 가치를 두고 있었다. 바꿔 말하면 당시 각종 식품 첨가물의 내용을 설명하는 데는 그것의 외관이나 냄새, 맛 등으로 그것의 정당성을 나타내는 것이 고작이었다.

오늘날에는 환경문제 등 사회적으로 「기술 불신」이 대두되고 있다. 정부는 미국산 테크놀로지 어세스먼트(technology assessment)로써 이 불신감에 대응하려 시도한다. 그러나 함부로 어세스먼트를 강조하면 위의 반(反)뱀설 광고와 비슷한 결과가 될지 모른다. 일본에서는 서구의 산물인 과학기술의 「꽃꽂이」도입에만 시종하고 근본적인 과학 기술사상이 충분히 뿌리내리지 못했기 때문이다.

그렇더라도 오늘날의 기술에 대한 문제는 뱀설 소동의 당시와는 훨씬 복잡한 배경을 지녔다는 것을 솔직히 인정하지 않으면 안 된다. 그 배경의 하나는 일본의 명치유신 이래 이미 100여 년이 지났는데도 아직 서구산 과학기술이 널리 국민에게 뿌리내리지 못하고 있다는 일본 과학기술의 기반-넓은 의미로는 문화의 그 특이성에 근원이 있다. 겉보기로는 거의 서구화된 것처럼 보이는 일본의 문화구조이기는 하지만 고도성장을 했으며 또 구미에서 과학의 근본적 개발이 거의 일단 끝나버린 듯한 지금에 이르고 보면 거의 변하지 않은 부문이 현재화(顯在化)해 온 것이 아닐까. 종래 자연과학만은 각종 문화적 제약을 초월해서 보편적인 것이라고 했다. 그러나 그것은 정확하지 않았다. 자연과학을 이해하는 경우에서도 일본의 전통적인 문화의 영향에서 벗어날 수는 없다는 것이 아닐까? 지금의 기술 불신에는 외부로부터의 기술혁신이란 미명(?) 아래 억지로 갖다 안겨진 서구문화의 공세에 대한 전통문화의 반발을 엿볼 수 있다.


## 글루타민산 공업으로부터 아미노산 공업으로

그런데 상품의 코스트를 내리려면 일반적으로 기술혁신과 동시에 시장을 확대하여 대량생산을 할 필요가 있다. 밀가루를 원료로 하는 글루타민산 소다의 경우는 부산물인 녹말의 용도도 더불어 충분히 개발되지 않는 한 코스트에 큰 영향을 미친다. 녹말이 처분되지 못하고 쌓이게 되면 공장의 조업마저 정지하지 않으면 안 된다.

그래서 일본에서는 질이 좋은 녹말을 만들기 위한 독자적인 연구를 진행한 결과 방직회사의 무명천에 쓸 풀이 개발되었다. 이 밀녹말의 사용은 1907년 대부터 1965년까지 계속되었다.

또 하나의 부산물은 글루타민산 염산염을 분리하고 난 찌꺼기의 갈색 용액이다. 이 액체에는 여러 가지 아미노산이 섞여 있다. 이것을 버리면 수질을 오염시키는 근원이 된다. 그것은 또 귀중한 자원의 낭비이기도 하다.

이 분리액의 유효한 이용은 처음부터 커다란 연구과제였다. 그러나 이 분리액은 원료 관계로 구린 냄새가 난다. 색깔도 철분 때문에 거무칙칙하다. 그것을 아미노산액으로서 사용하려면 냄새와 철분의 제거가 문제였다.

냄새를 없애는 데 곰팡이와 효모를 사용해 보았지만 실패했다. 오존으로 산화해서 탈취하자 잘 되어 실용화할 수 있었다. 탈철분에는 황화소다를 사용해서 목적을 이루었지만 그렇게 하면 한편으로는 황화수소의 냄새가 나서 곤란했다. 나중에 황혈(黃血) 소다를 가열해서 첨가함으로써 겨우 탈철법이 완성되었다. 이런 기본적인 기술은 1930년대에 들어서야 확립되었다.

실용이 가능한 아미노산액이 만들어진 것이 1934년이다. 이렇게 해서 간장의 원료로서의 「밑 국물」(味液)이 탄생했다. 그러던 중 중일, 제2차 세계대전이 발발했고 전시 중의 원료 부족과 원료 가격의 폭등에 시달리던 간장 업계, 아미노산 업계와 농림성의 수급통제가 이루어져 이 결과로 아미노산액을 사용한 저품질의 간장이 나돌게 된다. 이로 인해 간장부터 아미노산에 이르기까지 그 이미지가 하락하고 말았다.

전후 글루타민산 소다의 생산이 재개되자 이것에 따라 글루타민산 염산염의 분리액을 부산물로 생산하게 되었다. 이 분리액을 탈취, 탈철, 정제함으로써 쓸모 있는 아미노산액으로서 간장에 첨가하여 간장의 수요에 대응했다. 나중에 글루타민산 소다가 발효법으로 만들어질 수 있게 되자 이 분리액은 부산물로 생산되지 않게 되었다. 그러나 그때는 이미 간장의 원료로 「미액」은 없어서는 안 되는 것이 되어 있었다. 그러다 보니 「미액」은 부산물이 아닌 지방질을 뺀 콩을 주원료로 해서 고도로 정제하게 되었다. 아미노산 공업이 글루타민산 공업으로부터 독립한 것이다.

# 2장

# 크고 작은 연장들

질량분석계                    가스 크로마토그래피

---

인간의 오관을 훨씬 능가하는 장치가 개발됐을 때 과학이나 기술도 각별한 진보를 이룩한다.
생명을 구성하는 분자를 미시세계로부터 찾아내는 데는 갖가지 크고 작은 연장이 활약했다.

---

여기서 생명화학의 연구, 추진에서 중요한 역할을 한 여러 가지 연장들을 잠깐 훑어보기로 하자. 이야기의 전체적인 줄거리로 본다면 이것은 마치 박물관에 늘어놓은 진열 상자를 들여다보려 나선 것과 같은 인상을 줄 것이다.

# 1. 우둔한 도락

## 인류사상 세균을 처음 본 사람

16세기 말, 네덜란드의 안경점 아들 쯔아하리아 얀센은 아버지와 협력해서 확대경을 만들었다.

안경렌즈를 개량해서 벼룩을 10배쯤으로 확대할 수 있는 확대경이 처음으로 만들어졌다. 아이들은 낯익은 곤충류가 괴수처럼 거대하게 비친 것을 보고 무서워했다. 어른들은 이 이상한 물건에 흥미를 가졌다. 지금으로부터 500년도 채 안 되는 옛날, 1590년의 일이다. 4년 남짓 지난 뒤 같은 네덜란드의 델프트 피혁점에 안토니 판 레웬헤크라는 아이가 있었다. 1632년생으로 결코 영리하지도 뛰어나지도 않은 아이였다.

본인도 일생을 피혁가게나 하면서 보낼 생각이었다. 다만 한 가지 그에게는 도락이 있었다. 확대경을 사용하여 물체를 100배나 200배 확대할 수 있는 장치를 만드는 일이었다. 결혼한 뒤에도 이 도락은 그치지 않았다. 결혼 후 부인은 발전성이라고 찾아볼 수 없는 남편에게 피혁가게를 때려치우고 옷감을 파는 가게로 장사를 바꾸게 했다.

그는 라틴어도 그리스어도 프랑스어도 영어도 할 줄 몰랐다. 아는 것이라고는 그저 자기 나라 말인 네덜란드어밖에 몰랐다. 유럽의 기준으로

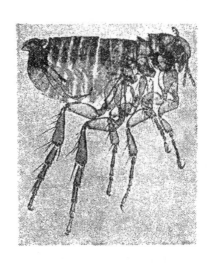

**그림 2-1 | 벼룩을 현미경으로 본 사진**
이 정도라도 레웬헤크의 시대에서는 커다란 놀라움이었다

말해도 비록 17세기의 옛날이었지만 그래도 그의 지식수준은 문맹이라고 해야 할 그런 학력이었다.

그러므로 후세의 사가들이 레웬헤크의 일을 조사하기 위해서는 네덜란드어를 공부하지 않으면 안 되었다. 그럼에도 불구하고 그는 런던의 왕립협회와 교신을 하고 있었다. 그 가운데서 그는 자기의 현미경을 통해서 원생동물(原生動物)이나 인간의 정자, 세균, 빗방울 속 미생물에 대해 기술하고 있었다. 어쨌든 레웬헤크의 시대란 영국에서는 셰익스피어의 시대에 해당한다.

「이 미소동물은 믿기 어려우리만큼 작다. 100마리를 하나하나 연결해도 모래알의 길이만큼도 못될 것이다. 100만 마리를 모아도 모래알의 부피만큼도 되지 못한다……. 나는 입안을 깨끗이 씻어냈다. 그런데도 지금 내 입안에는 네덜란드의 총인구보다 많은 작은 동물이 우글대고 있다.」

1708년, 그는 고열로 신음했고 혀에는 이끼가 껴 있었다. 그런 가운데서도 그는 혀에 돋은 이끼를 긁어내어 그것을 끓인 다음 현미경으로 살펴보았다. 그것은 대부분은 죽어 있었고 「다른 것보다 엄청나게 수가 많은 꼭 같은 형태, 같은 크기의 작은 동물」인 것을 알았다.

레웬헤크는 그것이 병원균이며, 자기가 인류사상 최초의 세균관찰자라는 사실을 알지 못했다. 하물며 죽은 미생물을 끓임으로 인해 살균된 시체라는 것이나, 세균과 질병의 연관성 따위는 전혀 생각조차 하지 못했다.

명성을 전해 듣고 그의 가게를 방문하는 얼치기 과학자, 오만한 과학자들에게 그는 그저 우둔한 인간으로밖에는 보이지 않았다. 그러나 레웬헤크는 참된 실험가이며 관찰자였다. 세포병리학이 창설된 것은 그로부터 100년 후 북독일의 포메라니아 태생의 루돌프 피르호에 의해서였다.

가시광선을 광학렌즈로 확대하는 현미경은 20세기에 접어들어 전자(電子)를 전자계(電磁界) 렌즈로 확대하는 전자현미경으로 발전했다. 전자현미경이 과학 전반을 각별히 진보하게 했다는 것은 말할 나위도 없다.

그러나 분자구조나 유기물 속의 성분을 찾아내기 위해서는 현미경으로는 도저히 불가능하다. 과학자는 미시세계의 신비를 풀어내기 위해 연달아 새로운 관찰장치, 측정기기 등을 발명했다.

# 2. 샹들리에 빛의 얼룩점

### 끈질기게 x선의 회절을 조사

19세기의 과학자들은 유기화학 분야에서 늘 뛰어난 업적을 거두어 왔지만 그래도 아직까지 그 학문은 경험에다 바탕을 두고 있었고 끈기 있는 시행착오의 연속이었다. 고분자가 도대체 어떤 구조를 가졌는지를 케쿨레가 말하는 사슬과 고리의 구조를 바탕으로 해서 더듬거리고 있었다. 경험이 많은 숙련된 화학자는 훌륭한 조리사가 화학반응을 몰라도 빵이나 케이크를 훌륭하게 구울 줄 알며 또 사람에게 그것을 가르쳐 줄 수 있는 것과 같았다.

20세기에 들어와서도 분자를 눈으로 본 사람은 없었다. 그러나 드디어 분자가 그 신비의 베일을 벗어야 할 날이 왔다. 뮌헨대학의 물리학자 막스 폰 라우에 교수는 X선을 분자의 중심에 쬐어서 그것을 사진으로 찍는 데 성공했다.

건판 앞에 아연광의 얄팍한 조각을 놓아두고 X선을 쬐었다. 그 사진에는 작은 얼룩점이 점점이 나타나 있었다. 다음에는 황산구리의 결정을 두고 꼭 같은 촬영을 했다. 이번에는 얼룩점의 모양이 달랐다.

여기서 샹들리에에 대해서 생각해 보자. 샹들리에는 크리스털 유리가 여러 가지 크기와 형태로 배치되어 아로새겨져 있다. 이것에 빛이 닿아 반사한 빛이 사방으로 튕겨 나가서 벽이나 마루, 천장에 아름다운 얼룩점을 만든다.

이 빛의 모양은 샹들리에의 각 유리의 프리즘에 의해 결정된다. 가령 끈기가 있는 숙련된 사람이라면 그 사람은 샹들리에 자체는 전혀 보지 않고도 주위에 비친 빛의 얼룩점만을 근거로 광원의 위치를 재고 광선의 법칙을 적용해가면서 프리즘 개개의 배치방법과 그 수를 알아내 샹들리에 전체의 구조를 알아낼 수 있을 것이다.

라우에는 이런 생각으로 필름에 찍힌 X선의 얼룩점 모양으로부터 아연광과 황산구리 속의 분자를 구성하는 원자의 배열을 알아내는 데 성공했다. 분자구조의 수수께끼는 이렇게 해서 인류의 눈에 드러나게 되었다.

X선은 가시광선보다도 물질을 관통하는 힘이 크다. 그러나 원자를 둘러싸고 있는 전자군(電子群)과 만나면 그 전자군의 영향을 받아 진로가 휘어진다. X선은 이렇게 해서 산란되고 산란방향은 분자 속 원자의 위치에 따라서 정해지게 된다. 라우에가 X선 회절을 발견한 것은 1912년의 일이었다. 그 당시 세계의 물리학계는 퀴리 부인이 라듐과 방사능을 발견한 이래 물질의 궁극구조인 원자의 탐구에 전력을 쏟고 있었다. 영국의 러더퍼드, 덴마크의 보어, 독일의 하이젠베르크 등의 이론물리학자나 선형 가속기(리니어 액셀레이터)를 발견한 영국의 코크크로프트나 월튼, 사이클로트론을 발명한 미국의 로렌스 등의 실험물리학자도 그러했다. 원자구조를 해명하는 연장인 선형 가속기나 사이클로트론도 탐색방법론에서는 X선

회절과 비슷하다.

가령 그 속에 무엇이 들어있는지 모를 상자가 마루에 많이 쌓여 있다고 하자. 장님이 어떻게 해서든지 그 상자 속의 내용물을 꼭 알아야만 한다고 하자. 장님은 어떻게 할까? 사다리를 가져와서 그 위로 올라가 여러

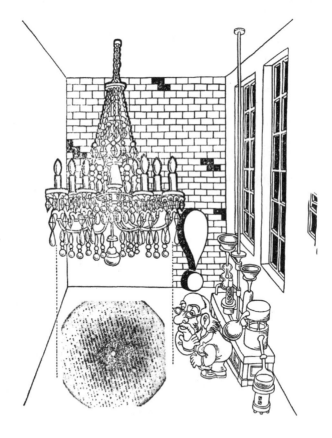

**그림 2-2 |** 분자의 X선 사진

개의 상자 중 하나를 사다리 위에서 던져 밑에 쌓여 있는 상자에 부딪히게 해서 그것을 부술 것이다. 부서진 상자 속의 알맹이가 움직이는 충격으로 움직인 그 운동으로부터 손으로 더듬어보고 그 내용이 무엇인지를 맞추게 될 것이다. 이렇듯이 한 개의 상자를 가속해서 같은 방법으로 정체불명의 다른 상자에 충돌시켜 그 뒤의 원자의 행동으로부터 실체를 알아내는 장치가 선형 가속기와 사이클로트론, 즉 원자 파괴 장치라는 초대형의 실험도구이다.

원자구조는 20세기 초, 4반세기 동안에 폭넓은 계통적인 개념을 수립했다. 그것은 또 분자구조를 이해하는 데 있어서 강력한 지원이 되었다. 그리고 X선회절은 그 뒤 상상했던 것보다 더 큰 위력을 발휘하게 되었다.

# 3. 미량의 분석

## 전자기계라는 관문

19세기까지 화학자에게 분석 도구의 주력은 천칭이었다. 즉 저울의 일종인 천칭(天秤)을 극히 정교하게 만든 화학천칭이었다.

여기에다 파스퇴르의 주석산 연구 등으로 알려진 선광계(旋光計)라든가 굴절계(屈折計), 비색계(比色計) 등 모두 간단한 연장뿐이었다. 따라서 자연히 판단이나 관찰도 인간의 눈과 두뇌에 크게 의지하고 있었다. 그러므로 숙련이 필요했고 또 시간이 걸렸으며 그마저도 객관적인 정확성이 결여되는 경우가 많았다.

오늘날에는 아무리 복잡한 구조를 가진 유기물이라 하더라도 고도의 분석장치로 고작 몇 분 내지 수 시간이면 분석된다. 그중에서도 물질 속 성분원소의 질량(무게)을 즉석에서 결정해 주는 장치가 질량분석기(mass spectrography)와 질량분석계(mass spectrometer)이다.

앞의 것은 질량의 정밀 측정에, 뒤의 것은 동위원소의 존재비(存在比)를 측정하는 등 목적에 차이가 있다. 동위원소(同位元素)란 이를테면 수소에는 보통의 수소 외에 중수소와 삼중수소가 있고 우라늄에는 우라늄 235와 우라늄 238 등의 차이가 있듯이 같은 원소이면서도(그러므로 화학적 성질은 같

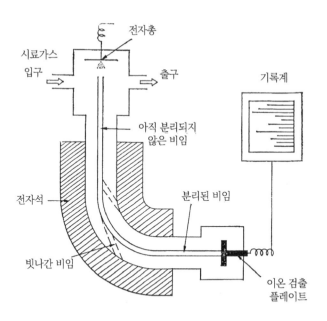

전자총

시료가스
입구

출구

기록계

아직 분리되지
않은 비임

전자석

분리된 비임

빗나간 비임

이온 검출
플레이트

**그림 2-3** | 질량분석계의 원리

다) 무게(질량수)가 다른 형제뻘 원소를 말한다.

19세기 말에 독일의 뢴트겐이 X선을 발견한 이래 진공관 속을 달리는 전자의 흐름 성질에 대해 세계 물리학자들의 관심이 집중되었다. 현재 가정에서 쓰는 텔레비전도 흑백이건 컬러건 그 브라운관 속에는 미세한 전자의 흐름(빔)이 달리고 있다.

이 빔이 화면 뒤에 칠해진 발광물질을 자극하기 때문에 화상이 그려지는 것이다. 빔의 움직임을 종횡으로 지배하고 있는 것은 브라운관의 목 부분에 붙어 있는 전자계(電磁界)코일이다.

원자핵물리학의 시조 중 한 사람인 영국의 J. J. 톰슨은 이 진공관 속 전자의 빔이 전계(電界)와 자계(磁界)를 적당히 움직이면 빔의 흐르는 방향이 변화할 뿐만 아니라 빔에 실린 물질의 무게에 따라서도 흐름이 크게 변화한다는 것을 발견했다. 이 실험을 진행하고 있는 동안에 원소에는 앞에서 말한 동위원소가 존재한다는 것을 알았다.

톰슨은 이 방법으로 사진 건판 위에 상(像)이 그려지게 했다. 그러나 그 방법으로는 물질의 무게를 정밀하게 측정하기까지는 이르지 못했다. 전계와 자계를 평행으로 놓았기 때문에 물질의 내용을 충분히 분리할 수 없었기 때문이었다.

톰슨의 발견으로부터 6년 뒤, 같은 영국의 F. W. 애스턴은 자계와 전계를 직각으로 놓아 보았다. 그러자 빔의 속도에는 관계없이 같은 무게의 물질이 같은 위치에 집중된다는 것을 알았다. 덕분에 톰슨이 했던 방법보다 훨씬 정교하게 측정할 수 있게 되었다. 애스턴은 이 공적으로 노벨상을 받았다.

그런데 분해능(分解能)은 아직 충분하지 못했다. 2년 뒤인 1918년, 미국의 A. J. 뎀프스터가 이번에는 180°의 부채꼴 모양의 자기장에서 빔을 집속하는 방법을 발명했다. 이것으로 분해능이 단번에 향상되고 질량분석계는 드디어 실용단계를 맞이했다. 따라서 톰슨, 애스턴, 뎀프스터의 세 사람을 가리켜 질량분석장치의 창시자라고 일컫는다.

1940년부터 H. W. 윗슈반이 질량분석계를 사용해서 탄수화물의 혼합물 분석을 진행했다. 1943년에는 복잡한 탄수화물의 분석에 성공했고,

이것이 발단이 되어 질량 분석을 사용하는 분석화학이 세계로 퍼져 유기화학 연구에 없어서는 안 될 연장이 되었다.

그 원리는 측정하고자 하는 물질을 기체로 해서 방전(放電)으로 전리(電離, 이온화)한 다음 전기장에서 가속하여 그 방향을 자기장으로 휘게 한다. 이때 휘어진 원호(円弧)의 반지름이 그 물질성분의 무게(질량)와 전하(電荷)의 비에 비례한다.

마치 광선이 프리즘에 의해 분해되어 파장의 차례로 스펙트럼을 그리듯이 이 이온은 물질 고유의 위치, 즉 질량순으로 배열한다. 그 배열에 따라 성분의 질량을 알아내는 것이다.

특색은 조사하고 싶은 물질성분이 1g은커녕 1$\gamma$(100만분의 1g)라도 측정할 수 있다는 샘플의 미량화(微量化), 그래프의 판독 등에 약간 숙련을 요할 정도의 자동화, 가스 크로마토그래피조차 10초가 걸리는 측정이 1초로도 충분한 스피드화, 또는 고분해능 등에 있다. 환경문제로 끊임없이 화제에 오르고 있는 ppm(100만분의 1)은 질량분석계의 발달 없이는 등장할 수 없었던 새로운 개념이다.

# 4. 크로마토그래피

## 압지의 현상으로부터

출혈도 없고 악성질병도 없는데도 빈혈이 되어 죽어버리는 악성빈혈증은 1925년까지는 치료방법이 없는 병이라고 사람들은 두려워했다.

원인은 골수라는 적혈구 제조공장이 위(胃)로부터 원료 물질의 공급이 정지되어 그 기능을 잃기 때문이었다. 이러한 병이라고 선고를 받은 환자는 4년이라는 세월을 넘기지를 못했다. 그런데 보스턴의 한 의사가 단백질이 풍부한 내장인 동물의 간장을 먹이면 더 악화되지 않는다는 것을 발견했다.

내장은 먹기 힘들지만 그것을 먹고 있는 동안은 악성빈혈증으로는 죽지 않았다.

1948년, 그라크조 연구소의 B. L. 스미스 박사와 그의 동료 C. F. J. 파커가 이 간장의 순수성분을 추출하는 실험에 착수했다. 이 실험에서 그들이 사용한 방법은 별난 것이었다. 크로마토그래피(chromatography)를 이용한 것이다. 잉크를 빨아들이는 압지는 화학물질을 천천히 흡수한 뒤 서서히 색깔무늬를 그리면서 확산해간다. 이 압지는 백토(白土)여도 된다. 유럽에서는 방직물의 기름 얼룩을 빼는 데 점토성의 규산알루미늄인 백토를

16세기경부터 써왔다고 한다.

백토를 높다란 관에 채우고 여기에 화학물질의 혼합액을 부어 넣는다. 그러면 관을 통해서 여러 가지 성분이 제각각 서로 다른 속도로 흡수되어 간다. 그리고 각 성분은 분리되어 관 속에서 층을 이루며 여러 가지 색깔 띠(色帶)와 줄무늬 모양을 나타낸다. 이것을 크로마토그래피 즉 색층분석(色層分析)이라고 한다.

스미스가 한 이 실험에서는 빨간 줄무늬가 나타났다. 그것을 끄집어내 환자에게 투여했더니 놀랍게도 어떤 악성빈혈용 약보다도 수천 배나 강력하다는 것을 알게 되었다. 그래서 바로 이것을 결정화했다.

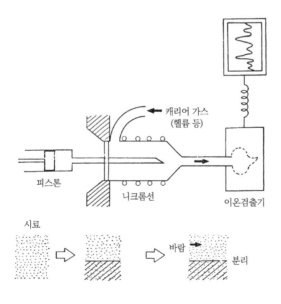

**그림 2-4 |** 가스 크로마토그래피

같은 무렵, 미국의 멜크회사의 연구소에서도 비슷한 연구가 진행되고 있었다. 더구나 그들은 젖산균을 사용해서 악성빈혈증 환자의 식품에 사용하는 시험방법을 통해 발견했다. 스미스의 논문이 영국의 〈네이처〉지에 발표되기 2주일 전에 그들의 논문이 미국의 〈사이언스〉지에 실렸다. 이리하여 획기적인 비타민 $B_{12}$가 미국과 영국에서 전후하여 발견되었다.

이 백토와 원주(円柱)에 의한 분석법을 압지로써 할 수 있게 취급법을 간편하게 하고, 그것으로 아미노산 성분을 훌륭하게 분석해 보인 것은 같은 영국의 A. J. P. 마틴과 그의 공동연구자 싱이었다. 마틴과 싱은 1952년에 노벨 화학상을 받았다. 전후 세계의 아미노산 연구는 페이퍼 크로마토그래피의 정량법에 힘입은 바가 매우 크다. 또 광범하고 더구나 극히 소량의 시료(試料)성분을 분석할 수 있어 기기 분석법에 중요한 공헌을 한 장치가 가스 크로마토그래피(gas chromatography)이다. 이를테면 담배 연기를 이 장치에 뿜어 넣으면 불과 20분 동안에 그 연기의 성분을 20종류나 거뜬히 분리해서 쉽게 제시해 준다.

발명자인 영국의 A. J. P. 마틴이 1941년에 이것을 생화학잡지에 발표했을 때는 누구 한 사람, 그것의 중요성을 알아채지 못했다. 그래서 마틴은 이 가스 크로마토그래피를 사용해서 실제로 가스의 성분을 테스트하고 그 데이터를 1952년에 생화학잡지에 발표했다. 그 효능을 알고 나서 세계가 떠들어대기 시작한 것은 그로부터 다시 2, 3년이 지난 뒤였다. 일본에는 1956년경에 소개됐으며 그 당시가 마침 기술혁신의 시작기였던 만큼 이 장치는 일본 전국에 요원의 불길처럼 퍼져나갔다.

원리는 복잡한 혼합물의 성분을 알아낼 목적으로 다른 캐리어 가스를 가져와서 서로의 친화력(親和力)의 크고 작음을 이용해서 성분을 알아내는 것이다. 먼저 니크롬선을 감은 튜브에 캐리어 가스를 통과시킨다. 그 튜브 속에 중심축을 같이 하는 가느다란 튜브가 달려 있으며, 여기에 측정하려는 시료를 도입한다. 니크롬선으로 온도를 적당히 조정하면 캐리어 가스에 운반되어 분류된 성분 시료는 가스검출기에 의해 검출된다.

측정하려는 시료가 기체라면 수 ㎖, 액체라면 0.05㎖의 소량만 있으면 충분하다. 기체의 경우는 분리하기 어려운 혼합물의 분석에 사용된다.

# 3장

# 미생물의 트릭

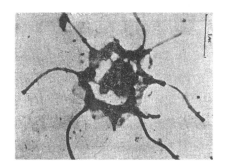

---

마치 원예식물의 신종을 만들어 내듯이 미생물의 신종을 만들고, 기발한 아이디어로 걸러 내어 인간에게 유용한 종류만 남겨 놓는다……. 그러나 우리의 편리성만을 위주로 한 이런 일들이 우리 자손에게 어떤 빚을 걸머지게 할 위험은 없을까?

---

# 1. 바탕

## 미생물 이용을 촉진한 두 세계대전

된장, 간장, 청주 등은 한국의 전통적인 양조식품(釀造食品)이다. 포도주나 치즈 등은 유럽의 발효기술이 낳은 식품이다. 예부터 인류는 미생물을 이런 식품에 이용해 왔다. 그런데 20세기에 들어서서 식품 이외의 분야에서 생물이 활약하기 시작했다. 그러한 기운을 조장한 것은 두 세계대전이었다.

먼저 1910년. 영국의 와이즈먼 등이 흙 속에 사는 세균의 일종을 사용해 알코올과 당으로부터 아세톤과 부탄올을 만드는 방법을 발견했다.

당시 이미 루이 파스퇴르에 의해 효모와 효소가 구별돼 있었다. 병원균과 발효의 기구도 서서히 밝혀지고 있었다. 효모는 미생물이며 효소란 생화학 반응에 관계하는 물질이다. 양자의 관계는 말하자면 효모라는 이름의 공장 안에서 각 공정을 담당하는 것이 효소군이고 각 공정의 흐름을 대사계(代謝系)라고 한다.

와이즈먼의 아세톤·부탄올 발효는 제1차 세계대전 중에 미국과 영국에서 아세톤을 생산할 목적으로 실용화했다. 아세톤은 화약의 원료이기도 하다.

**그림 3-1 | 윈스턴 처칠**

제2차 세계대전 중, 그의 폐렴이 페니실린으로 치료되었다는 뉴스가 일본의 국산 페니실린의 개발을 촉진시켰다

제2차 세계대전이 일어나자 일본은 이 아세톤·부탄올 발효공장을 야마구치현 호후(防府)시 등에 건설했다. 아세톤의 생산이 목적이 아니고 항공기의 연료인 이소옥탄을 부탄올로부터 합성하기 위해서였다. 항공기가 전쟁을 결판나게 했던 제2차 세계대전이었던 만큼 이 발효공장도 규모가 컸다. 그런 군수기술(軍需技術)이 전후에 일본의 발효산업에서 하나의 기반이 되었다.

제2차 세계대전은 또 항생물질이라는 전혀 새로운 종류의 의약품을 실용화하는 계기가 되었다. 1944년 1월. 당시의 영국 수상 W. 처칠의 폐렴이 페니실린으로 치료됐다는 보도가 일본에도 알려졌다.

그래서 그해 3월, 육군군의학교와 각 대학 연구소의 협력으로 페니실린 연구회가 만들어졌다. 4월에는 재빠르게도 「헤끼소」(碧素)라는 이름으로 군에 납품을 할 정도였다. 물론 전쟁 중이었으므로, 학자가 요구하는 정보가 외부로부터 자유로이 들어왔던 것은 아니다. 제조를 위한 자재나 연구자도 충분하지 못했다. 페니실린을 생산하는 푸른곰팡이는 흙 속에서 또는 식품과 피혁 제품 등 여러 물질에서 분리되어 각각 페니실린 생산성이 검토되었다. 공장에서 일하는 작업원의 손톱에 낀 때에서 분리한 것까지도 정말로 사용되었다.

배양액의 당분은 녹말을 당화(糖化)해서 사용하고 질소원으로는 누에똥이나 번데기 찌꺼기, 인분까지 동원되었다. 배양용기조차 부족했기 때문에 주변에 뒹굴고 있는 맥주병까지도 주워 모아 사용했다. 이렇게 해서 일본산 페니실린이 그럭저럭 태어났다.

시조 격인 영국에서는 페니실린의 공업생산을 위해 미국 학자까지 동원해서 대규모의 프로젝트팀이 편성되었다. 이 팀이 단시일 안에 어려운 문제들을 연달아 해결했기 때문에 페니실린은 실험실로부터 대량생산으로 들어갈 수 있었다.

패전으로 전시 하의 생산 일체가 폐허화된 일본에서는 페니실린의 시험생산도 중단되었다. 다행히 미국 점령군은 공중위생상 일본에서도 페니실린을 생산하도록 일본 정부에 명령했다.

1946년 11월, 미국의 포스터 박사를 중심으로 일본 페니실린 학술협의회가 생기고 이학(理學)·공학·농학·의학의 각 분야 학자들이 평소의 세력권 문제에서 벗어나 한마음이 되어 협력했다. 산업계에서는 60여 개의 기업이 각각 연구내용을 공표하여 이해를 초월해서 연구와 협력을 진행시

켰다. 이리하여 항생물질의 생산에서는 일본이 세계 2위라는 오늘의 실력을 과시할 수 있는 기초가 배양되었다.

페니실린에서 시작된 항생물질의 연구, 개발은 미국의 왁스만 박사에 의해 스트렙토마이신과 클로람페니콜(클로로마이세틴), 일본의 우메자와(梅澤浜夫) 박사의 자르코마이신, 카나마이신 등 새로운 항생물질을 연달아 발견하고, 실용화를 촉진했다.

아세톤·부탄올 발효의 대규모적인 실용화와 이 항생물질의 개발이 일본으로 하여금 새로운 단계-미생물 공업으로 비약하게 하는 바탕을 만들어 갔다.

## 고능률인 미생물의 생리

인간의 신체나 동식물을 형성하고 있는 주성분은 단백질이다. 단백질은 아미노산으로 구성돼 있다. 세균 등 미생물도 생물의 일종이므로 그 몸의 상당한 부분에 아미노산이 포함되어 있는 것은 당연하다.

결국 미생물도 그 배양액이나 배지(培地) 속에 포함돼 있는 당이나 질소 화합물을 체내에 흡수해서 각각의 미생물이 자신의 특유한 단백질로 바꾸어서 몸에 간직하고 있을 것이다. 단백질이 미생물의 체내에서 합성되기 전 단계에서는 아미노산이 합성되고 있을 것이다.

또 생물의 각 세포에는 유전정보의 인자인 DNA(데옥시리보 핵산)가 있다. DNA의 정보를 전달하거나 순서를 결정하는 RNA(리보 핵산)도 있다. 이 핵산도 생물의 체내에서 늘 생산되고 있을 것이다.

**그림 3-2 |** 생물의 몸에 낭비는 없을 터?

조사해 보니 미생물의 체내에는 70% 내지 50%의 비율로 단백질이 포함되어 있으며 10%의 비율로 핵산이 포함돼 있었다. 미생물의 세포는 끊임없이 분열과 증식을 되풀이하면서 단백질이나 핵산을 생산하고 그 생명을 유지하는 기구가 짜여져 있다. 더구나 그 생산에는 낭비가 없다. 인체 속에서 한때 쓸모없는 것이라고 낙인이 찍혔던 맹장조차도 내분비(內分泌)에 공헌하고 있다고 판정되었듯이 생물의 체내는 그 생물이 비록 지극히 미미한 미생물이라 할지라도 최소의 물질의 수지(收支)로써 자손이 최대로 증가할 수 있게 정교한 생리기구가 만들어져 있다.

100만분의 수 m=1,000분의 수 mm라고 할 수 있는 극히 미시적인 세계의 주인인 미생물은 양조식품이나 항생물질과는 달리 인간이 요구하는 아미노산이나 핵산을 생산하게 하는 연장(道具)으로 사용하기 위해서는 이 미생물이 갖는 고능률의 생리를 우선 이해하고 들어가지 않으면 안 된다.

이를테면 미생물이 자신의 몸에 없어서는 안 되기 때문에 만들고 있을 터인 아미노산을 필요하지 않게 됐다는 투로 마구 몸 밖으로 대량 배출을 계속한다거나 핵산을 방출한다는 것은 있을 수 없는 일이다. 마치 인간이 혈액을 끊임없이 체외로 대량 방출하면서 그대로 생명을 유지할 수 있겠느냐는 것과도 비슷하다.

그러나 미생물을 사용해서 그 미생물에게 필요한 아미노산이나 핵산을 대량으로 생산하게 하기 위해서는 그것을 약간의 양만 체외로 배출할 정도의 저생산 미생물로는 경제적으로 채산이 맞지 않는다. 결국은 상식적으로 보면 미생물에 의한 아미노산이나 핵산의 생산이라는 것 자체가 이론적으로 모순되고 있기 때문에 그 실현은 불가능에 가깝다.

그런데 생물은 환경에 대한 적응력이 의외로 크다. 찾고 있는 동안에 아미노산의 전구체(前驅體)라고 할 수 있는 시트르산과 케토글루타르산을 다량으로 만들고 있는, 즉 체외로 배출하고 있는 세균이 발견되었다. 케토글루타르산이란 말릭산이나 숙신산과 마찬가지로 당이 분리되어 근육 기타 체내 에너지를 만들어 내는 TCA회로(사이클)의 구성물 중 하나이다.

케토글루타르산이 다량으로 배출되고 있다는 사실은 그 미생물의 체내에서 TCA회로의 어느 부분에서 터무니없이 시간이 걸린다거나 하는 이유 등으로 인해 체내에 축적된 케토글루타르산을 체외로 뱉어내고 있기 때문이 아닐까? 더구나 케토글루타르산에 암모니아를 가해 주면 글루타민산이 된다는 사실은 이미 잘 알려져 있다.

그렇다는 것을 알게 되자 이 케토글루타르산을 대량으로 방출해 줄 만한 미생물을 대자연 속에서 찾아내면 된다. 일본을 비롯한 각국에서는 야성균주(野性菌株) 가운데서 이러한 특수한 생리를 지녔을 법한 균주 탐색이 시작되었다. 1946년의 일이다.

최초로 발견된 것은 미국의 스트드라 박사가 발견한 균주로서 당의 16%를 케토글루타르산으로 바꾸는 작용을 한다. 100g의 당을 주면 16g의 케토글루타르산을 균체(菌体) 밖으로 배출해 주는 균주이다.

교토대학에서는 50%에서 60%까지도 생산하는 균주를 발견했다. 케토글루타르산에 암모니아를 부가해서 L. 글루타민산으로 할 때 촉매 역할을 하는 효소는 이미 발견돼 있었다. 그래서 이 균주가 A사에서 파일럿 플랜트로 채용되었다.

새로 발견된 미생물로 케토글루타르산을 생산하게 한다. 그리고 그 생성물에 이 효소를 사용해서 암모니아를 부가하거나 케토글루타르산에 화학적으로 암모니아를 부가한다. 이리하여 글루타민산이 만들어지게 된다. 다만 화학적으로 부가한 경우에는 효소법과는 달리 DL체가 만들어진다. 그렇기 때문에 광학분할(光學分割)이라는 방법을 써서 L. 글루타민산만을 추출한다.

그런데 K사의 기노시다 박사 등은 이런 2단계 구조가 아닌 당으로부터 단번에 글루타민산을 생산해 내는 미생물 공정을 개발했다.

## 2. 세포막의 비밀

### 생화학의 창구

결론부터 말하면 기노시다 박사 등은 케토글루타르산을 배출하는 한편 암모니아를 케토글루타르산에 부가시키는 두 가지 작용을 함께 지닌 미생물을 찾아내는 데 성공한 것이다.

흔히 볼 수 있는 균주 가운데서 처음부터 암모니아를 듬뿍 주어 케토글루타르산을 생산하면 글루타민산이 된다고 하는 기묘한 미생물도 있다. 야마나시대학의 다다(多田) 교수 등이 그 존재를 보고하고 있었으나 유감스럽게도 글루타민산의 수율(收率)이 낮았다. 그런데 가노시다 박사는 처음부터 충분한 경제성이 있는 진귀한 균주를 발견했다.

이것으로 포도당으로부터 단번에 글루타민산이 미생물 공업의 형태로 생산되게 되었다. 또 이를 발견하게 한 그 논리적 추구가 그다음의 아미노산, 즉 라이신을 생산하는 균주를 등장시키는 결과가 되었다. 그 당시 각국의 학술 문헌 중 일본이 가장 빨리 접할 수 있었던 기관은 CIE였다. 전쟁 전부터 도쿄의 히비야 영화관 앞에 있던 닛또오(日東)홍차의 목조건물 2층에 있는 이 미군용 도서관은 전쟁 중 완전히 고립돼 있었던 일본에서 선진 구미 과학으로 통하는 몇 안 되는 종전 직후의 귀중한 '창구'였다.

생화학자가 페이퍼 크로마토그래피를 알게 되고 DNA를 배울 수 있었던 것도 이 자그마한 「창구」를 통해서였다. 이윽고 그들은 핵산 연구파와 단백질 연구파로 갈라졌다. 당시 과학을 지망하는 많은 연구자가 이 두 분야에 집중하게 된 것은 물리학에서는 필수적인 거대한 실험 장치가 일본에는 없었지만, 생화학은 세계적으로 급진적인 발전을 보인 데다 일본에서도 착수할 수 있는 분야였기 때문이다.

자그마한 창구가 열려 있었을 뿐이었던 1950년의 무더운 여름 8월에, 당시 A사로부터 파견 연구생으로 사카구치 교수 밑에서 연구 생활을 보내고 있던 가쿠다 씨는 뜻밖의 문헌을 발견했다.

그날 그는 도쿄대학의 도서관에서 「발효에 의한 알파·케토글루타르산의 생산」이라는 미국 농상무성 북부연구소(NRRL)의 로크우드 박사의 보고를 우연히 발견했다.

거기에는 글루타민산 소다의 전구물질(前驅物質)인 알파·케토글루타르산이 TCA회로(사이클)의 멤버이면서도 발효액 1ℓ 속에 15g 이상이 축적된다는 그때까지의 인식으로는 믿을 수 없는 사실이 씌어 있었다.

「응, 이것이면 발효로서 아지노 모도를 만들 수 있겠군」 사카구치 교수의 조언도 있고 해서 곧 그의 회사에서 알파·케토글루타르산 발효의 개발이 시작되었다. 한편 K사에서는 기노시다 등에 의해 글루타민산 발효에 관한 시행착오와 진전이 거듭되고 있었다. 기노시다의 그룹도 문헌 조사에 열중했다. 문헌 가운데 미생물을 배양한 액을 분석했더니 극히 적은 양이기는 하지만 아미노산이 검출되었다는 보고가 있었다.

그러나 자칫하면 그 배양액에 원래부터 보태져 있던 단백질이 배양 중에 가수분해되어 아미노산이 된 것인지도 모를 일이다. 그렇다고 한다면 아미노산이 검출되었더라도 그것은 배양된 미생물이 만들어 낸 것은 아니다. 그 일군의 미생물이 죽어서 그것들의 몸에서 단백질이 분해되어 만들어진 아미노산이었을지도 모른다.

의문을 그대로 남겨 두어서는 아무것도 시작할 수 없을 것이라고 해서 우선 단백질 등의 유기영양소분을 대폭 줄인 배양액을 만들었다. 만일 아미노산이 약간이라도 검출된다면 그것은 배양 중인 미생물이 만들었다고 밖에는 할 수 없는 상황으로 배양액을 만들어 두었다.


## 글루타민산을 제조하는 미생물

이러한 배려 아래서 테스트를 진행했던 바, 의외로 아미노산을 생산하는 미생물이 세상에는 상당히 많이 존재한다는 사실을 알게 되었다. 그중에서도 글루타민산을 상당량 생산하는 미생물이 그물에 걸려들었기 때문에 연구 그룹은 갑자기 활기를 띠기 시작했다.

그러나 생각해 보면 그런 미생물의 존재는 이치에 맞지 않는다. 즉 그렇게 글루타민산을 생산한다고 하면 거기에는 무엇인가 그럴만한 특별한 이유가 있어야 한다. 미생물이 자기 몸을 만드는 재료를 이렇게도 아낌없이 체외로 계속해서 배출해 버리는 데는 그만한 명백한 이유가 있지 않으면 안 된다.

**그림 3-3 |** 자기 몸을 만드는 재료를 아낌없이 체외로 버리는 생물

드디어 그 이유가 파악되었다.

원인은 비오틴이라는 비교적 새로운 비타민에 있었다. 효모를 배양하고 있노라면 갑자기 발육이 좋아지는 수가 있다. 원인은 비오틴으로, 비오틴을 극소량 가해 주면 그 효모의 생육이 촉진된다는 사실이 알려져 있었다(1936년). 특정 효모나 여러 가지 세균에 대해 이 비오틴의 생육효과가 보고되어 있긴 했다. 그렇지만 아미노산의 생산에 비오틴이 중대한 관계를 가졌으리라고는 아무도 예상조차 못했던 일이다.

글루타민산을 생산하는 균주인 코리네박테리움 글루타미쿰의 배양 조건을 조사해 보니 그 균주의 생육에는 비오틴이 필요하다는 것을 알 수 있었다. 비오틴이 없는 배양액에서는 생육이 지극히 더디다.

기노시다 박사 팀은 조사를 진행하는 동안 생육이 두드러지게 촉진되는 비오틴의 농도(濃度) 조건이 매우 델리케이트하다는 것을 발견했다. 배지 1ℓ 속에서의 최적 비오틴양은 100만분의 1 내지 5g이며 다소라도 이 양보다 많거나 적거나 하면 갑자기 생산이 줄어든다. 적당한 범위의 비오틴 배지 속에서 이 균주는 놀랍게도 당(포도당)을 30%의 율로 글루타민산으로 바꾸어간다.

균주(菌株)는 그 균을 배양하는 과정에서 개량할 수도 있다. 또 배지의 조건을 경험적으로 연구함으로써 생산 환경을 더욱 바람직하게도 만들 수 있다. 이리하여 이 균주에 의한 수율은 50%로 상승되었다.

비오틴의 관계를 구명해 가는 동안에 더욱 흥미로운 사실을 알게 되었다. 우선 비오틴이 적당량보다 많은 경우에는 글루타민산의 생산이 물론 감소되지만 동시에 알파 케토글루타르산과 젖산의 생산량이 두드러지게 늘어난다. 즉 그때까지 이 균주의 주생산품이던 글루타민산이 케토글루타르산과 젖산으로 생산품이 전환되는 것이다.

또 비오틴의 과잉상태에서 생육한 이 균의 세포에는 유리 아미노산의 양이 증가하고 있다는 것과 비오틴이 적량일 때 균세포는 팽윤화(膨潤化)하고 있는데도 과잉상태의 세포에는 그런 경향을 찾아볼 수 없다는 것 등을 알아냈다.

이런 사실로부터 ① 비오틴이 이 균주의 세포 표면(세포벽이나 세포막)에 대해 어떤 종류의 변화를 주어 ② 세포 내부에 축적된 물질이 원래는 연달아 이동해 가야 할 그 이동의 양상을 ①의 변화가 흩트려 놓고 있다는 것 – 을 암시하는…… 것이라고 추측되었다.

이런 추측에는 근거가 있었다. 그 무렵 미국의 제약회사 멜크사의 연구소에서는 비오틴을 과잉상태에서 배양한 균주에 페니실린을 투여하면 비오틴의 과잉으로 생산이 저하됐던 그 글루타민산의 생산력이 회복된다는 특허를 발표하고 있었다. 또 페니실린이 살균효과를 나타내는 이유는 이 항생물질 페니실린이 세균의 세포막 형성을 방해하기 때문이라고 설명하고 있었다.

이렇게 본다면 세포 속에서 글루타민산이 자꾸 생산되고 있어서 이것을 감싸는 막의 구조에 변화를 일으키고 있는 것이 아닐까 하는 생각이었다. 나중에야 세포막의 투과성(透過性)을 변화시키기 위해 페니실린이나 다른 항생물질이 유효하다는 것을 알게 되었다.

또 다른 메이커의 연구로 페니실린이나 항생물질과 유사한 작용이 있는 계면활성제(界面活性劑)가 발견되어 실용에 제공되게 되었다.

이런 이유로 비오틴을 교묘하게 사용하면서 직접 글루타민산을 생산하게 한다는 작업은 금방 공업화되어 갔다. 동시에 비오틴이니 코리네박테리움·글루타미쿰이라는 균주는 외국의 몇몇 나라에서 특허를 받았다.

# 3. 라이신을 만드는 기묘한 생물들

## X선으로 변이시킨 식물

방사능 오염이나 의사의 X선 검사 등 이른바 방사능 장해로서 가장 두려워하고 있는 것은 유전에 대한 나쁜 영향이다.

생물이기 때문에 미생물도 마찬가지이다. 방사선에 의해 세균도 그 유전의 성질(정확하게는 DNA 등)이 변화한다. 이것은 방사선의 에너지가 세포의 알맹이를 전리(電離)시켜 DNA의 배열 등을 바꾸어 버리기 때문인 것 같다.

글루타민산을 50%나 되는 높은 비율로 생산하는 세균의 발견에 성공한 기노시다 박사 팀은 다음번에는 라이신(lysine, 일명 리신)을 생산하는 데 적합한 균을 인공변이(人工變異)로 만들어 내려고 생각했다. 라이신이 세계의 단백질 공급에서 불가결하다는 것은 뒷장에서 자세히 설명하겠다.

미국의 농약 회사인 파이저사의 연구원은 라이신 생산에 관해 재미있는 발견을 했다. 그것은 먼저 대장균을 사용해서 당으로부터 라이신의 전구물질인 디아미노피메린산(DPA)을 생산했다. 다음에는 DPA를 포함한 배양액에 다른 균을 보태서 탄산을 제거하는 반응을 일으켜 라이신으로 전환시키는 것이다. 그러나 끝내 실용화되지는 않았다. 공정이 두 단계로 나누어져 있었기 때문이었다.

| 나라 이름 | 내용 |
|---|---|
| 인도 | ① 모던베이커리(국영의 빵 회사)가 라이신 강화 빵 판매 중. ② 라이신 강화 쌀 실험 중. |
| 파키스탄 | 실험 계획 중. |
| 스리랑카 | 학교 급식에 라이신 강화를 문교후생성이 계획 중. |
| 인도네시아 | 국립 영양연구소 주최, 라이신의 강화실험 준비 중. |
| 태국 | 첸마이 지구에서 쌀에 대한 아미노산 강화를 실험 중(일본에서 개발된 인조강화미를 사용 중). |
| 필리핀 | MSG에 라이신을 첨가 실험 중. |
| 말레이시아 | 국립 의학연구소에서 실험 연구 중. |
| 자유중국 | 대만대학 동 교수에 의해 탁아소, 고아원, 초등학교에서 쌀의 라이신 강화실험 중. |
| 페루 | 대통령정영으로 페루가 수입하는 쌀, 밀의 라이신 강화가 결정되었는데 쿠데타로 연기. |
| 튀니지 | 밀가루에 대한 라이신 강화의 실험 시작(일본 메이커의 라이신을 사용 ). |
| 과테말라 | 옥수수 제품에 대한 강화 연구 중. |
| 브라질 | 상파울루에서 학교 급식에 라이신 강화 빵 계획 중. 동북 브라질(커사버 지역)의 영양개선 연구 중. |

**표 3-4** | 라이신은 이렇게 필요성이 대두되고 있다(개발도상국의 라이신 보충계획)

기노시다 박사는 이 미생물이 라이신을 생산하기까지의 세포 내에서의 대사를 조사했다. 그 결과 아스파라긴산으로부터 아홉 가지의 반응이 필요하다는 것과 아스파라긴산 세미알데히드로부터의 대사에는 라이신으로 향하는 것과 호모세린 방향의 경로가 있다는 것 등을 알았다. 이 대사의 각 단계(그림 3-5)를 보고 알 수 있는 것은 호모세린 이후의 대사기능을 상실해버린 균을 만들어 내기만 하면 이 균은 대사과정에서 라이신만 생산하게 된다.

그것을 알면 방사선으로 그런 결함을 지닌 변이주(變異株)를 인공적으로 만들면 된다. 그러면 방사선으로 변이된 엄청나게 많은 종류 중에서 요구하는 '결함변이주'가 정말로 만들어지고 있는지 어떤지 그것을 확인하기 위해서는 그 변이균이 호모세린을 배양기(培養基)에 투입하지 않는 한 증식하지 않게만 하면 된다.

그렇게 되면 호모세린을 자가 제조할 수 없게 되었다는 증거이다. 호모세린을 요구하느냐 아니냐에 따라서 변이주가 만들어졌는지 어떤지 판별할 수 있다. 바꿔 말하면 호모세린 요구주가 방사선에 의해 인공적으로 만들어졌다면 그것이 구하고 있는 라이신 생산자라고 할 수 있다.

훌륭한 착상이다.

그러나 이 아이디어는 실은 일본 것이 아니다. 페니실린 발효의 개발 당시 이미 여러 가지 변이주 생산의 수법과 착상이 전개되고 있었다. 세균에 먼저 변이를 일으키게 해서 페니실린의 작용으로 어미주(親株)를 죽이고 변이주만 남겨 두고 그것이 바라는 일을 해 줄만한 변이주인지 어떤지에 대한 식별은 각종 요구하는 기(基)를 투입한 배지에서 번식하느냐, 않느냐에 따라서 선택할 수 있다는 이치가 이미 널리 알려져 있었다.

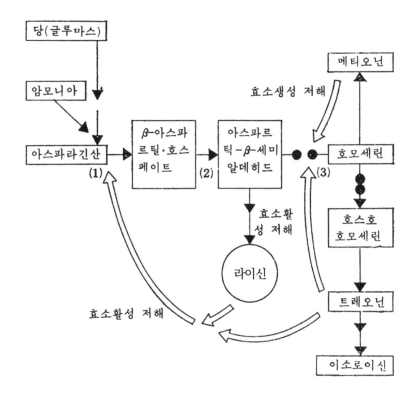

**그림 3-5 | 라이신의 생합성**

아스파르틱 -β-세미알데히드(아스파라긴산 세미알데히드)로부터, 밑으로 라이신 방향과 우로
호모세린의 두 방향으로 나뉜다. 라이신을 대사시키기 위해, 호모세린을 만드는 경로를 멎게 한
변이체(즉 호모세린을 요구하는 주)를 인공적으로 만든다. 또 트레오닌 단독으로는 (3)을, 트레오
닌과 라이신이 함께 있을 때는 (1)을 멈춘다. 메티오닌은 (3)을 강력히 멈춘다

　변이를 일으키게 하는 균으로는 앞에 글루타민산의 생산에서 실용
화에 성공한 코리네박테리움·글루타미컴이라는 세균이 쓰였다. 이 세
균의 생산성을 개선하는 계획의 일련의 테스트 중에 코발트60에 의한

감마선 조사실험이 추가됐다. 이리하여 호모세린 요구주가 몇 종류나 인공적으로 생산되고 분리되었다. 예기했던 대로 이것들은 라이신을 생산해 주었다.

더구나 이 계통의 어떤 변이주의 라이신 생산성에 대해 조사해 보자 재미있는 성질을 알게 되었다. 그 어미주는 비오틴 요구주이기 때문에 그 변이주도 비오틴과 호모세린 쌍방을 모두 요구하는 균주였다. 그래서 비오틴과 호모세린의 배양기에서의 양을 서로 바꾸어서 배양해 보았다. 그러자 이 변이주는 비오틴과 호모세린 두 종류가 요구하는 물질을 마치 조종간처럼 사용해서 세포 내 대사의 흐름을 조정해 보였다. 조종간의 취급 방법의 하나로 인간이 바라는 방향으로 발효를 돌려주었다.

즉

① 비오틴의 양을 제한해 두면 이 균주는 어미주의 성질인 글루타민산을 생산한다.

② 비오틴을 듬뿍 주고 호모세린을 제한하면 라이신이 두드러지게 많이 생산된다.

③ 비오틴, 호모세린을 모두 듬뿍 주면 라이신의 생산이 떨어지고 젖산의 생산이 늘어난다.

④ 반대로 비오틴과 호모세린을 다 같이 인색하게 주면 글루타민산, 라이신이 모두 소량이기는 하나 동시에 생산된다 -는 것이다.

이렇게 라이신의 생산에 가장 적당한 양은 배양액 1ℓ 당 비오틴이 20γ(감마), 호모세린은 400γ라는 것도 판명되었다.

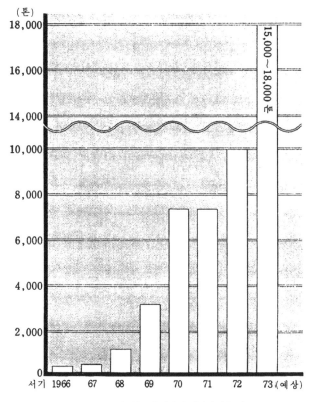

**그림 3-6** | 일본의 라이신 생산량의 추이

또 이 무렵에 새로운 라이신 생산균에 의한 발효법이 일본에서 개발되어 실용화됐다. 이렇게 라이신의 생산은 본격화되고 일본은 세계 최대의 라이신 생산·수출국이 되었다.

같은 이치와 수법으로 아미노산의 무리에서는 발린, 오르니틴, 호모세린, 트레오닌, 이소로이신, 알라닌, 글루타민산, 아르기닌, 히스티딘, 프롤린, 세린, 마라닌, 아스파라긴산 등이 생산된다.

## 핵산계열의 물질도 생산

아미노산은 아니지만 이노신산과 구아닐산이라는 핵산계 정미물질(呈味物質)에 관해서도 언급해 두겠다.

이케다 박사의 문하생인 고다마 조수가 여러 가지 식품의 정미성분을 조사하던 중 말린 가다랑어로부터 이노신산염의 맛을 내는 성질을 1914년에 발견했다.

그러나 당시는 글루타민산이 밀가루를 원료로 해서 생생하고 값싼 이노신산을 만들 수 있는 원료가 없었다. 그 때문에 이 연구는 방치되고 있었다. 전쟁 후 이노신산의 원료를 생선을 쪄서 포(脯)로 만든 것에서부터 찾아내고 그것의 찌꺼기는 비료에 이용한다는 구상이 있었다. 결정(結晶) 이노신산이 실제로 제조되어 조미료로 이용되었다.

그러나 채산이 맞는다고는 볼 수 없었다. 정어리, 전갱이 등을 쪄서 말린 것으로부터 추출해서 정제하거나, 오징어나 조개 속에 있는 아데니르산을 아데니르산 데아미나아제라는 효소로서 이노신산으로 만드는 일은 기술적으로는 가능해도 원료가 너무 비쌌다.

A사는 1958년경 변이주에 의해 이노신을 만들고 이것에 인산을 화학적으로 결합해서 이노신산을 만드는 방법을 개발했다.

라이신 생산균주와 마찬가지로 정상과는 다른 대사를 하는 균체(菌體)

를 돌연변이를 통해 만들어 세포 내에서 핵산을 합성하는 대사계의 중간을 절단함으로써 공정의 중간 화합물인 이노신을 세포 내에 축적해 이노신산으로 하는 것이다.

앞 단계는 발효, 뒤 단계는 화학합성이다. 또 그 직전에 Y사와 T사는 효모핵산을 특수한 세균의 효소를 써서 가수분해해서 이노신산과 구아닐산을 동시에 만드는 「분해법」을 개발했다. K사에서는 이러한 2단계법을 1단계법으로 처리하기 위해 당, 암모니아, 인산의 셋을 원료로 해서 세균 내 대사의 제어로써 생산하는 방법을 발표했다.

이것은 결국 아미노산에 한정하지 않고 핵산계열의 물질 생산도 변이주를 인공적으로 만들어 내는 것과 대사제어인자(代謝制御因子)를 통한 조절로 발효를 발전시킨다는 공업생산의 가능성을 입증한 것이다.

현재 10여 종류의 핵산계 물질이 핵산분해법으로 생산되고 있다. 이것이 일본의 독특한 공업이란 것은 말할 나위도 없다.

# 4. 석유 분해균

## 별난 미생물

글루타민산 등의 제조에 이용되고 있는 미생물은 크기가 1 내지 수 마이크로미터인 세균(박테리아)이다. 오늘날 인간생활에 활용되는 미생물은 주로 세균, 효모, 곰팡이, 방선균(放線菌)의 네 종류이다.

그런데 미생물 중에는 아직도 발견되지 않은 많은 종류가 있을 것이다. 발견되기는 했으나 어떻게 분류를 해야 할지 모르는 것도 많다. 어디까지 종류를 구분해 가야 할 것인지 그것조차도 아직 분명하지 않다. 곰팡이의 무리만 해도 46,000종류이다. 눈에 익은 수목이나 화초 등 고등식물은 대충 50만 종, 인간 등 고등동물이 약 100만 종이나 된다.

인류는 동물을 사육하고 그 고기를 먹으며, 가죽이나 털은 옷으로 사용해 왔다. 식물(植物)을 키워서 먹고 또 그것을 감상해 온 인류는 이제 동식물과 마찬가지로 미생물을 겨우 사육하고 길들여 이것을 인간에게 유용하게 만들어가려 하고 있다.

지구상에는 미생물이 존재하지 않는 곳이란 없다고 해도 과언이 아니다. 소련(현 러시아)의 해양관측선 비챠지호의 조사에 따르면 태평양의 10,000m나 되는 깊은 해저에서도 박테리아가 발견됐다고 한다. 땅속의 유전(油田)층에도 엄청나게 많은 미생물이 있다. 혹한의 남극의 얼음 속에도 숱한 종류의 미생물이 발견되었다. 흙 속에는 1g당 10만 개 혹은 1,000만 개 이상의 세균이 들어 있다.

종류가 달라지면 때로는 상당히 별난 것도 있다. 황을 산화해서 황산으로 만들고 그 에너지로 생육하는 황세균, 산소 속에서는 살지 못하는 혐기성균(嫌氣性菌), 소금이 20% 이상이나 포함된 배지가 아니면 살지 못하는 호염균(好鹽菌), 냉장고 속처럼 섭씨 0도 전후의 온도가 번식에 적온인 균 등, 석유분해균도 별난 종류의 하나이다.

미생물은 보통 탄수화물을 영양원으로 해서 생육하지만 석유분해균은 석유, 즉 탄화수소를 분해해서 그것을 섭취하고 자라는 미생물의 무리이다. 그것도 탄화수소보다는 오히려 탄수화물을 더 좋아하기 때문에 이 세균을 장시간 탄수화물의 배지에서 키우면 석유를 분해하는 힘을 상실하는 수가 있다.

석유분해균이 발견된 것은 오래전이다. 1895년에는 파라핀 왁스를 분해해서 생육하는 곰팡이가 보고되었다.

그 후, 백수십 종의 균이 발견되었다. 유전지대나 정유소의 토양뿐 아니라 밭이나 마당, 도로, 바다, 연못, 하천의 물속 등, 도처에서 세균, 효모, 곰팡이, 방선균의 어느 분류에도 석유분해균이 분포해 있었다.

한편 석유의 탄화수소라고 해도 사슬 모양과 고리 모양을 한 구조나 탄소의 수 차이 등 여러 가지 종류가 있다.

따라서 한 가지의 석유분해균으로 천차만별의 탄화수소의 전 종류를 만능으로 분해할 수는 없다. 균의 종류에 따라 상대하는 탄화수소의 종류도 크게 달라진다. 탄화수소의 크기나 구조에 따라 균에 분해되기 쉽거나 어렵거나 하는 차이도 있다.

일반적으로 고리 모양의 탄화수소보다는 사슬 모양이 분해되기 쉽다. 사슬 모양의 탄화수소라면 먹지만 고리 모양의 탄화수소에는 맞서지도 못하는 균도 적지는 않다. 사슬 중에서도 곧은 사슬이 분해되기 쉽다. 측쇄(側鎖)가 많은 탄화수소일수록 분해되기 어렵다. 미생물이 자신의 효소나 세포막에 따라 상대를 식별하기 때문일 것이다.

합성세제 중 알킬벤젠 술폰산 소다의 알킬기는 측쇄가 많으므로 폐수처리에서 대활약을 하는 미생물이지만 이것도 담당하는 석유분해균에 따라서는 전혀 상대가 되지 않는다. 그래서 세제 공해가 생기는 것이다. 측쇄가 없는 알킬기를 가진 알킬벤젠 술폰산(소프트 세제) 세제가 개발된 것도

**그림 3-7** | 미생물의 별난 괴짜

이러한 이유 때문이다.

그런데 석유분해균은 그 종류에 따라 차이가 있다. 이를테면 일본의 K사가 석유단백질을 생산할 목적으로 기술도입을 시도한 영국 BP사의 석유분해균(효모)의 건조체(乾燥体)에는 43.6%가 단백질인 것이 있다. 즉 탄화수소 1톤을 주면 436kg의 단백질을 생산해 낸다.

공장에서 200톤의 발효통 다섯 기를 마련하면 하루에 10톤의 건조효모, 즉 소 100마리 몫의 단백질을 생산할 수 있는 셈이다. 이 단백질에는 필수아미노산이 풍부하며 메티오닌과 시스틴을 제외하면 우유의 단백질과 맞먹는다. 더구나 생산가격이 쇠고기 단백질에 비해 13분의 1에서 15분의 1에 불과하다. 그렇지만 맛은 없다. 이것이 「석유단백질」이다.

글루타민산도 석유분해에 의해 탄화수소로부터 생산될 가능성이 보인다.

이를테면 등유를 탄소원으로 하는 배양액 1ℓ에 새로운 코리네박테리움이라는 석유분해균을 생육시키면 500mg의 글루타민산이 만들어진다. 배양액에 보탠 등유는 배양액 1ℓ 중 2g이므로 탄화수소당 2.5%의 수율이 된다.

최근에는 석유화학의 산물인 초산, 노르말 파라핀(양초의 원료), 에틸알코올, 프마르산, 감마 아미노산 등에서 미생물로 글루타민산의 생합성이 가능하다는 것을 알게 되었다.

가격과 수율량을 비교해서 그중에서 어느 쪽이 유리한 원료인가를 선택한다. 그에 앞서 합성법을 설명해 두겠다.

## 아미노산의 합성

A사에서는 처음부터 완전히 화학적 방법으로 글루타민산을 합성하는 합성법으로서 아크릴로니트릴을 원료로 생산하고 있다. 아크릴로니트릴은 석유의 분해로 생성되는 프로필렌과 암모니아에서 합성된다.

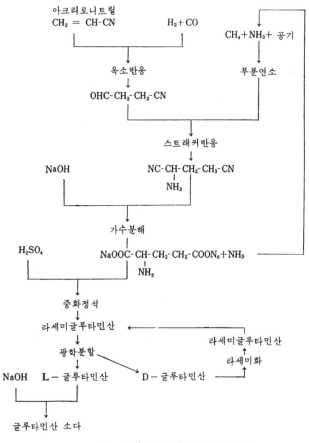

**그림 3-8 |** 아미노산의 종류와 그 제조법

합성반응으로 만들어진 라세미·글루타민산으로부터 L·글루타민산을 추출하는 데는 L체와 D체를 접종법(接種法)으로 분리한다.

합성법은 그 공정을 보면 알 수 있듯이 비교적 단순한 아크릴로니트릴이라는 원료에 차례차례로 반응을 통해서 다른 물질을 결합해 가며 키워

| | 명칭 | 발견연도 | 인체 내에서의 합성 | 제조법 |
|---|---|---|---|---|
| 지방족 아미노산 | 글리신 | 1820 | 가 | 합 |
| | L-알라닌 | 1888 | 가 | 발 |
| | L-발린 | 1901 | 불가(필수) | 합·발 |
| | L-로이신 | 1820 | 불가(필수) | 추 |
| | L-이소로이신 | 1904 | 불가(필수) | 발 |
| 옥기 아미노산 | L-세린 | 1865 | 가(준필수) | 합 |
| | L-트레오닌 | 1925 | 불가(필수) | 발·합 |
| 함유 아미노산 | L-메티오닌 | 1922 | 불가(필수) | 합 |
| | L-시스테인 | 1884 | 가(준필수) | 추(합) |
| | L-시스틴 | 1899 | 가(준필수) | 추 |
| 산성 아미노산 | L-아스파라긴산 | 1868 | 가 | 발 |
| | L-글루타민산 | 1886 | 가 | 발·합 |
| 염기성 아미노산 | L-아르기닌 | 1896 | 가(준필수) | 추·합 |
| | L-라이신 | 1889 | 불가(필수) | 발 |
| | L-히스티딘 | 1896 | 가(준필수) | 축 |
| | L-옥시라이신 | 1938 | 가 | |
| 방향족 아미노산 | L-페닐알라닌 | 1881 | 불가(필수) | 축·합 |
| | L-티로신 | 1849 | 가(준필수) | 축 |
| | L-트립토판 | 1902 | 불가(필수) | 합 |
| 아미노산 | L-프롤린 | 1901 | 가 | 발 |
| | L-옥시프롤린 | 1902 | 가 | 추 |

[주] 합: 합성, 발: 발효, 추: 추출

**표 3-9 |** 글루타민산 소다의 합성

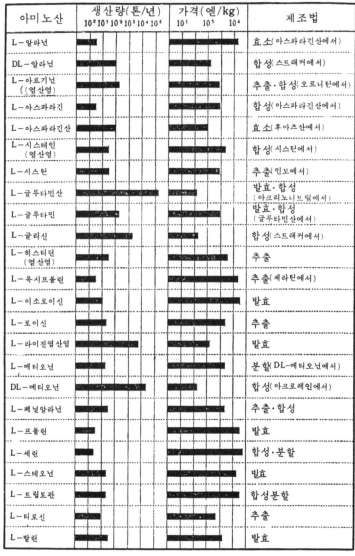

| 아미노산 | 생산량(톤/년) 10⁰ 10¹ 10² 10³ 10⁴ 10⁵ | 가격(엔/kg) 10¹ 10³ 10⁴ | 제조법 |
|---|---|---|---|
| L-알라닌 | | | 효소(아스파라긴산에서) |
| DL-알라닌 | | | 합성(스트래커에서) |
| L-아르기닌 ((염산염) | | | 추출·합성(오르니틴에서) |
| L-아스파라긴 | | | 합성(아스파라긴산에서) |
| L-아스파라긴산 | | | 효소(후마르산에서) |
| L-시스테인 (염산염) | | | 합성(시스틴에서) |
| L-시스틴 | | | 추출(인모에서) |
| L-글루타민산 | | | 발효·합성 (아크리노니트릴에서) |
| L-글루타민 | | | 발효·합성 (글루타민산에서) |
| L-글리신 | | | 합성(스트래커에서) |
| L-히스티딘 (염산염) | | | 추출 |
| L-옥시프롤린 | | | 추출(제라틴에서) |
| L-이소로이신 | | | 발효 |
| L-로이신 | | | 추출 |
| L-라이진염산염 | | | 발효 |
| L-메티오닌 | | | 분할(DL-메티오닌에서) |
| DL-메티오닌 | | | 합성(아크로레인에서) |
| L-페닐알라닌 | | | 추출·합성 |
| L-프롤린 | | | 발효 |
| L-세린 | | | 합성·분할 |
| L-스테오닌 | | | 발효 |
| L-트립토판 | | | 합성분할 |
| L-티로신 | | | 추출 |
| L-발린 | | | 발효 |

1970년 12월 현재

표 3-10 | 일본에서의 아미노산 생산량

간다. 이것이 라세미·글루타민산을 제조하는 방법이기 때문에 그만큼 설비가 대규모가 된다.

즉 원료인 아크릴로니트릴은 값이 싸지만 설비 투자가 크기 때문에 대량생산-대시장의 기업이 아닌 이상 이 방식은 적당하지 못하다.

발효법에 의한 글루타민산 제조공정은 주원료를 당화하고 다시 글루타민산을 미생물로써 개조한다.

그러므로 농산물인 주원료가 비싸게 먹히더라도 커다란 배양 탱크 속에서 휘저어 가는 동안에 글루타민산이 만들어지기 때문에 소규모의 기법으로도 가능하다.

이런 이유로 같은 글루탐산의 제조방법도 기법에 따라 발효방법만으로 합성법도 첨가한 제조공정의 병용 등 차이가 생겼다.

기술경쟁은 치열하다. 일단 새로운 기술이 생겨나면 다음에는 합성법과 발효법을 두고 연구자들이 경쟁한다. 그 결과 발효법의 원료로서 초산도 쓰이기 시작했다. 녹말이나 콩 등의 농산물은 일본 내 생산만으로는 부족하다. 글루타민산의 수출에서는 불리하다. 그래서 풍부한 석유로부터 생산된 순수한 초산을 원료로 한 발효법으로 글루타민산 소다가 만들어지게 되었다. 덕분에 발효법도 원료 면에서 안정되어 위에서 지적한 두 가지 제조방법에서의 상호 간 단점이 없어지게 되었다.

# 5. 석유단백질 소동

## 소비자의 걱정

여기서 석유단백질의 안정성에 대한 논의를 언급해야겠다.

일본 후생성(厚生省) 식품위생조사회는 1972년 12월 15일, 석유단백질의 가축사료화는 안전하다는 결론을 내렸다.

이것에 대해 소비자는 '석유단백질 금지를 요구하는 연락회(石禁連)'를 결성해서 후생 장관을 상대로 석유단백질의 제조, 판매, 사용의 금지를 건의했다.

후생성은 이 건의에 대해 1973년 2월 16일, 후생성의 식품위생법은 대상이 식품이기 때문에 사료용 석유단백질에는 적용되지 않는다는 취지를 법리론(法理論)으로 응답했다.

석금련(石禁連)은 행정소송으로 끌고 가서라도 투쟁한다는 방침을 세우고 2월 19일에는 도쿄도지사 등에게 그 금지를 청원하는 등 정치문제로 발전될 듯했다. 그러나 21일에 석유단백질의 제조를 추진 중이던 다이닛뽄 잉크화학공업과 가네부치 화학공업이 이것의 기업화를 중지했기 때문에 '일단락'되었다.

소비자운동의 반대 이유로는 크게 두 가지가 있다. 하나는 「석유단백질」이라는 말이 가져오는 생리적인 혐오감이다. 이 때문에 주부들의 결속이 진척됐는지도 모른다. 이러한 선입견은 정확한 과학적 이해에 플러스가 되지 못한다.

석유의 정제에서 생기는 부산물 중에는 노르말·파라핀이라고 부르는 일련의 화학물질이 있다. 이 물질을 먹고 번식하는 미생물의 무리에는 체내에서 수 10% 이상으로 단백질을 만들어 내는 효모와 세균(방선균 등)이 있다. 이 건조효모(또는 균체)를 사료에 충당하자는 것이다. 첫째로 불안한 것은 미생물의 체내에서 노르말·파라핀이 단백질로 되는 과정이고, 둘째는 그 단백질 사료로 자란 가축을 식탁에 올려놓을 경우의 두 단계로 나뉜다.

첫째의 불안은 다시 노르말·파라핀 자체의 독성 유무, 미생물 자체의 잠재적 위험, 배양 환경 아래서의 걱정 등으로 분류된다.

우선 노르말·파라핀에 대한 것인데 소프트한 세제원료 등에 사용되고 있는 노르말·파라핀은 순도가 낮다. 채산이 맞는 범위에서 최고순도가 98%이므로 나머지 2% 중에 발암물질 등이 섞여들 여지를 생각할 수 있느냐 없느냐, 그것이 큰 쟁점이었다. 석유단백질에 대한 여론이 고조되기 전에도 이 점에 대해서는 다음과 같은 견해가 제시돼 있었다.

우선 과학기술청 자원조사회의 보고에 따르면 「나머지 2%에는 이소파라핀, 나프텐, 방향족 탄화수소 등이 있다. 그중에 3·4-벤츠피렌 등 방향족 탄화수소가 섞여 있으면 그 양에 따라서는 안전성에서 문제시될 가능성이 있다. 결국 이 보고는 부정도 긍정도 하고 있지 않다.

이것에 대해 도쿄대학의 명예교수인 야마다 박사(농예화학 전공)는 「발암성이 있는 방향족 탄화수소가 혼입될 가능성은 생각할 수 있다」라고 다음과 같이 말했다.

「① 원유를 증류하는 단계에서 비등점이 다른 3·4-벤츠피렌 등의 발암성이 있는 탄화수소는, 경유 속에는 거의 포함되어 있지 않다(10억분의 1). ② 노르말·파라핀을 경유로부터 분리하는 분자여과법(分子濾過法)에 의해서 노르말·파라핀에 비해 지름이 크고 발암성이 있는 방향족 탄화수소는 여과되어 버린다. 즉 제거된다. ③ 발연(發煙)황산으로 씻기 때문에 노르말·파라핀보다도 분자량이 큰 방향족 탄화수소는 씻겨 나간다.」

또 소바자 측인 전국 구매농업협동조합 연합회에서도 가축, 닭, 쥐 등을 사용한 2년간에 걸친 네 세대(世代)의 테스트로 석유단백질에 의한 악영향은 인정되지 않았다고 한다.

다음으로는 효모 자체가 변이할 위험성 - 이것은 균주의 안정성에 관한 문제이다. 또 배양 탱크 속에 다른 유독미생물이 침입할 염려도 있다. 둘째는 오염물질이 생물에 농축되어 어떤 먹이연쇄(食物連鎖)를 나타내느냐에 대한 해명이다.

### 식품위생 조사회의 안전 확인법

이상의 균학(菌學), 생물학, 독성학(毒性學) 등에 대해 식품위생 조사회의 설명에 따르면 검사기준 22개 항목을 정하고 안전성의 확인은 업자가 제출한 자료로 했다고 한다. 첨가해서 조사회의 의견에서는 기업에 대해 다음의 세 가지 조건을 달았다.

① 국가(농림성)는 원재료가 안전성이 확인된 것과 동일한 물건이라는 것을 체크하는 방법을 강구할 것. ② 기업체는 균학적, 화학적, 독성검사 등을 충분히 할 수 있는 연구와 자주적인 관리체제를 확보하고 정기검사의 결과를 국가(농림성)에 보고할 것. ③ 제품의 품질 확보와 배기, 배수 등의 공해처리에 관해 배려할 것. 또한 다른 메이커가 석유단백질사료를 제조할 경우 각 회사가 각각 요구되고 있는 검사자료를 제출하여 평가를 받아야 한다.

이 조사회의 결정에 대해 소비자 측이 불신하는 점은 ① 제3자에 의하지 않고 업자의 자료만으로 안전하다고 판정했다. ② 또 그 조사회의 심의가 비공개이고 「전문가에 일임해 주기 바란다」라고 일방적인 처리의 인상을 주고 있다. ③ 노골적인 관청위주 주의- 등이다.

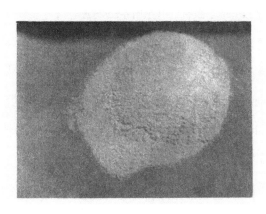

**그림 3-11 |** 석유단백질

결국 소비자의 힘에 밀린 탓에 석유단백질의 기업화는 1973년 2월 21일에 중지되었다.

그런데 앞에서 오염물질이 생물에게 농축되어 인체에 어떤 영향을 끼치는가는 자세히 설명하지 않았다. 거기에는 이유가 있다. 실은 상세한 것을 거의 알지 못하고 있다.

이를테면 화학물질의 생체에 대한 영향에 대해서 지금까지는 실험동물의 데이터를 인체의 허용량의 근거로 삼아왔다. 앞으로도 그것은 변화가 없을 것이다. 그러나 실험동물의 종류에 따라 그 데이터의 차이가 두드러지게 크다. 한 예로 아편을 피하에 주사했을 때의 마취발현량(체중 1kg당의 mg)은 다음과 같은 차이가 있다.

개(10~60), 고양이(20~60), 토끼(5~20), 개구리(1,000)이며, 같은 생쥐라도 이를테면 히스타민의 치사량(체중 1kg당의 mg)이 생쥐의 계통에 따라 아래와 같이 다르다.

C3H마우스(1,522), 스위스－CR마우스(230).

석유단백질 문제가 해결된 3월 15일, 과학기술청은 화학물질 및 중금속의 안전성 평가방법에 대해 1972년도 특별연구촉진 조사비에 의한 대형 연구테마로 5개년 계획에 10억 엔(한화 약 25억 원)을 투입할 방침을 내놓았다. 과학기술청의 연구조사비 가운데서도 이것은 최고액이며 가장 긴 연구 기간이다.

이 연구에는 통산(通産), 후생, 노동, 농림의 각 성(省)과 경찰청, 대학의 각 연구기관이 참가한다. 연구체제는 고바야시 도쿄대학 명예교수를 위원장으로 하는 연구위원회에서 운영한다. 그러나 국립 연구기관에 이런 종류의 제3자를 평가하기 위한 기능을 충분히 기대할 수 있을지 어떨지는 약간의 의문이 남아 있다.

# 6. 식품 첨가물의 안전성

## 식품 첨가물이란 무엇인가

석유단백질에 얽힌 소동이 상징하는 바와 같이 모든 식품 첨가물의 안전성에 대한 불안과 의혹이 깊어졌다.

석유단백질에서의 일부 예처럼 감정에 취해서 혼란을 초래할만한 이유도 있다. 과거 수십 년간 사용해 온 식품 첨가물의 종류나 첨가된 식품은 엄청나게 많이 증가했다. 그 모두에 대한 안전성의 입증이 충분히 이루어지지 못했기 때문일 것이다.

이를테면 시클로(cyclo)는 일찍이 미국에서 안전성에 대한 대규모 실험이 있었고 당시의 독물학적 수준에서 그 안전성이 확인된 다음에야 시판이 된, 오랫동안 사용되어 온 인공감미료였다.

그 시클로가 1969년에 이르러 쥐를 통한 실험에 따르면 방광암을 발생하게 한다는 사실이 부각되었다. 또 생체 내에서 시클로가 발암성을 가질 가능성이 있는 물질인 시클로헥실아민으로 그 일부가 변화한다는 것도 밝혀졌다. 이와 같은 의혹이 사카린에 대해서도 제기되었다.

한마디로 식품 첨가물이라고 하지만 어느 것이 식품에 불가결의 구성분이고 어느 것은 첨가하지 않아도 된다는 것인지 구별이 분명하지 않다.

사회 통념으로 말하자면 첨가물이란 그 식품을 만드는 데 있어서 불가결한 것은 아니지만 그것을 첨가함으로써 효과를 기대할 수 있는 것이다. 그 식품 본래의 영양 가치를 높여준다(비타민이나 라이신), 장기간을 보존할 수 있다(소금 등), 맛이나 색깔을 좋게 해서 식욕을 증진시킨다(글루타민산 소다 등) 등등이다.

자연식 애호가들의 주장대로, 식품에서 첨가물을 모조리 추방해 버린다면 어떻게 될까? 시장에 나돌고 있는 대부분의 식품이 지금 상태로는 팔리지 않게 될 것이다. 소비자도 그것을 바라지는 않는다.

옥수수나 쌀만 대량으로 먹고 있는 영양결핍 지역의 사람들에게는 그 개선을 위해, 또 장래의 인구폭발에 따르는 식량 위기에서 벗어나기 위해서라도 여태까지의 관념으로 봤을 때 식품류로서는 도저히 허용될 수 없는 화학물질이더라도 적극적으로 첨가물로 이용해야 할 시기가 찾아올지도 모른다. 첨가물은 단순하게 분위기로만 처리해버려서는 안 된다.

더군다나 전쟁 후, 첨가물은 그 종류나 양에서 두드러지게 증가했다. 그렇다고 해서 고도성장 이전에는 식품 첨가물이 거의 없었다고 생각하는 것은 잘못이다.

이를테면 중국에서는 옛날부터 완두콩이나 바나나의 숙성(熟成)에 등유를 피우고 있었다. 그것은 등유의 연소로써 발생하는 에틸렌이나 프로필렌이 숙성제의 역할을 하기 때문이다. 중국에서는 경험적으로 이와 같은 숙성용 첨가제를 사용해 왔다.

대항해 시대에 마젤란과 콜럼버스가 목숨을 걸고 동양 제국에서 찾았던 최대의 목적물은 후추 등의 양념과 향료, 향신료 등을 손에 넣는 데 있었다. 날고기를 장기간 보존할 수 있는 기술이 없었던 당시의 유럽에서는 약간 상한 고기라도 맛있게 먹기 위해서는 향신료가 중요한 식품 첨가물이었다. 위도(緯度)가 높은 유럽 여러 나라에서 향신료는 터무니없이 비싼 값이었다.

굽거나 우려서 독특한 맛을 들이는 식품가공, 식품첨가의 역사도 매우 오래됐다. 맥주의 호프, 위스키의 술통이나 비트(beet)의 향기 등이 모두 그러하다. 첨가·가공이 발전하면 그것을 흉내 낸 가짜 식품이 만들어진다. 가짜 식품도 옛날부터 유통되고 있었다. 양주 등을 생각해 보면 알코올 성분을 주체로 볼 때 어디까지가 가짜이고 어느 것이 진짜라고 말할 수 있을까?

### 진짜와 가짜

제조업자나 상인은 예부터 자기 회사 상품의 명성을 유지하고 상품의 순정성을 높일 목적으로 각종 식품에 자기 회사 나름의 기준을 중심으로 여러 가지 규제를 시도해 왔다. 이것이 식품 첨가물 규제의 시작이다.

이윽고 산업혁명이 일어났고 아닐린염료 등을 중심으로 독일에서 화학공업과 유기화학이 발전됨에 따라 첨가물의 다양성도 더해갔다.

합성착색료, 합성향료 등은 천연으로는 존재하지 않았던 방향물질이며 또 천연의 향료보다 더욱 강한 합성향료였다. 오늘날 향료의 대부분은 인공물질로 바뀌었다. 합성조미료보다 합성향료가 일찍부터 실용화한 것은 유럽인이 미각보다도 후각에 예민했던 탓일까?

지금의 향료에는 천연물과 합성물을 포함해서 1,000~1,400종류가 있다. 더구나 천연향료조차 그것의 독성의 유무에 대해서는 거의 해명하지 못하고 있다. 종류가 많고 또 그 종류에는 유행의 변화가 심해서 향료와 식품의 상호관계를 해명하기가 어렵다는 점이 그 이유이다.

국련(國聯)의 세계 보건기구(WHO)의 추정에 따르면 지금 전 세계에서 생산되고 있는 식량의 약 20%가 부패·변질 때문에 버려지고 있다고 한다. 그것을 방지하는 데는 냉동·냉장, 가열, 건조, 발효, 식초 절임, 소금 절임 등 물리적이거나 생화학적인 가공으로 변질하기까지의 시간을 연장하지 않으면 안 된다. 그 이외의 방법으로는 식품에 보존료(保存料)를 첨가하거나 무균(無菌)포장을 하지 않으면 안 된다.

무균 및 살균의 수단으로는 항생물질과 방사선의 이용이 있다. 일본에서도 원자력연구소 다카사키연구소 등에서 방사선을 식품에 조사하는 방법으로 살균해서 식품의 수명을 연장시키는 실용화 연구가 오랫동안 기대되고 있었으나 이제 겨우 실용기를 맞이하게 되었다.

이 경우, 걱정되는 점은 조사(照射)에 사용한 관통력이 높은 에너지에 의해 식품을 구성하는 분자가 여기(勵起)되어 식품의 세포 속에 유리기(遊離基)를 생성한다. 이것이 유해한 물질이 될 우려가 있다.

살균용 항생물질은 효과적일 상대 병원균이 미리 분명하지 않으면 안된다. 모든 살균에는 유효하지 않다고 하는 한정된 항생물질의 상대에 대한 선택성과 살균효과의 지속 기간이 짧을 것 등이 조건이다. 또 항생물질을 식품에 남용하면 의약으로 쓸 때 그 효력이 나빠진다는 내성균(耐性菌)의 문제나 식품으로 특정 항생물질을 사용한 결과 예상외의 변질을 나타내 그 식품이 이미 상했다는 것을 알아챌 수 없다는 불안도 있다.

식품 첨가물은 그 안전성이 충분히 보증된 상태에서 올바르게 사용되지 않으면 안 된다. 첨가물이 장래에 더욱더 필요하리라는 것은 의심할 여지가 없다.

첨가물에 의해서 급성중독이 나타나는 예는 그 첨가물을 일시에 대량으로 섭취한 경우이다. 글루타민산 소다에 관한 '중화요리점 증후'도 이른바 글루타민산 소다의 숙취일 것이다. 대개의 첨가물의 독성은 극히 낮다.

독성검사를 할 때 따라다니는 문제의 하나는 철저하게 테스트를 해 보아도 그래도 또 의문의 여지가 남는다는 점일 것이다.

# 7. 실험동물

**에인절 베이비의 비극**

안전성이 분명하지 않은 물질의 약리작용에 관해 살아 있는 인간을 '실험동물'로 삼아 장기간 인체실험을 한다는 것은 처음부터 허락될 수 없다.

그래서 실험동물에게 몇 대에 걸쳐 다량의 첨가물을 첨가한 사료를 주고 연구한다.

쥐, 개, 토끼 등 각 실험동물의 성장이나 육체 각 부위의 장해 또는 각 장기 조직의 변화, 번식력의 영향, 특히 기형아 발생 등의 최기성(催奇性), 발암효과 등을 조사한다.

여태까지 이런 종류의 독성 테스트라는 학문은 의학, 약학계에서는 한쪽 구석으로 밀려나 있었다. 아니 오늘날에도 그에 대한 학문적 체계가 확립돼 있다고는 할 수 없다. 이를테면 암의 발생 메커니즘은 여전히 수수께끼이면서도 발암성이라는 애매한 과제를 쫓아서 첨가물의 부작용에 대한 수수께끼 풀지 않으면 안 된다.

특정 그룹의 쥐에게 첨가물을 투여하고 첨가물을 투여하지 않은 다른 쥐 그룹과 비교·대조한다. 그런데 일반적으로 일본에서는 생쥐를 장기간, 1년 이상 사육하면 폐렴이나 그 밖의 질병, 노화 때문에 죽는 경우가 많다. 또 대상으로 삼은 양쪽 그룹이 모두 죽어버린다.

그래서 이런 다른 병으로 죽지 않는 실험동물이 필요하다. 그것이 무균동물이다. 폐렴균 등 특정 전염성 질병을 갖지 않은 동물을 미리 만들어 둔다. 이것이면 1년 반 이상이나 자란다. 생후 1년이 지나면 그 무균 생쥐는 노인기를 맞이한 것이 된다. 노령에 이른 생쥐는 자연사(自然死)를 하는 경우가 있는데 그것의 10% 정도가 자연발생적인 암이나 종양으로 죽는다.

그래서 첨가물을 투여해서 사육한 생쥐의 약 10%가 암이나 종양으로 죽었다고 한다면, 이것은 첨가물 투여의 비교대상이 가능하다.

그러면 생쥐로 하지 말고 개나 토끼로 하면 어떨까? 이 경우는 종족이 다르기 때문에 같은 첨가물로 생쥐가 암을 일으키더라도 개, 토끼에서는 암이 생기지 않는 경우가 있다.

문제는 인간이다. 실험은 인간을 위한 데이터를 획득하는 데 있으므로 인간에게 동물실험 데이터를 적용할 때 생쥐의 데이터가 적합하냐, 개나 토끼를 적용하는 것이 더 좋으냐가 중대한 문제가 된다. 그 어느 쪽을 채용하는 것이 정확하냐를 선택하는 척도도 아직은 없다.

이를테면 최기성으로 유명한 사리드마이드만 해도 쥐나 토끼에 대한 실험에서는 그 최기성이 당초에는 나타나지 않았다. 인간에게도 임신한 후 특정일이 지났을 때 복용한 사람에게서만 발생한 것 같다.

그 사건에서는 오히려 인간계에 비정상적인 에인절 베이비가 늘어났기 때문에 거꾸로 그것을 동물계로 가져가서 쥐에 최기성이 확인됐던 것이다. 최기성의 출현방법은 임신한 동물에 대한 투여량, 투여 시기의 폭이 극단적으로 좁았던 것이다.

쥐의 실험데이터를 인간에게 적용하기에는 지나치게 비약적이라고 한다면 실험동물의 종류도 확대하지 않으면 안 된다. 토끼는 가축용, 개나 고양이는 잡종으로, 원숭이는 야생의 것을 각각 무균으로 만든다. 무균으로 만들 때 겉보기로는 건강할지 몰라도 병원체를 갖고 있을지도 모른다. 유전적으로나 미생물학적으로는 엄중히 관리돼 있지 않으면 안 된다.

## 아미노산 배합의 완전 사료로

여태까지의 무균동물은 모체로부터 출산 직전에 무균실에서 제왕절개(帝王切開)를 해서 완전히 멸균된 상태로 끄집어내 이것을 번식시켜 사용했다. 이런 방법으로 얻고, 특정 병원체가 검출되는 일이 없는 실험동물은 SPF 동물이라고 부른다. SPF에도 비병원균이라면 정착해 있을지도 모른다. 그래서 그 실험동물이 가진 균은 설사 비병원균이라 할지라도 그 균의 모든 신상이 밝혀진 노트바이오츠가 아니면 두고두고 첨가물의 효과를 판정하는 일이 곤란하다.

이런 이유로 신상이 알려진 미생물만이 정확한 무균동물, 즉 노트바이오츠가 도쿄 메구로의 재단법인 실험동물중앙연구소에서 생산되고 있다. 또 국제적으로도 평가가 높은 찰스 리버 회사와 일본의 A사와의 합작

**그림 3-12 |** 무균 실험동물

으로 고품질 SPF의 쥐와 생쥐가 상업적으로 대규모로 공급되게 되었듯이 일본에서도 고품위의 실험동물의 수요가 높아지고 있다.

SPF의 실험동물 생산의 다음 목표는 항체(抗體)가 없는 동물을 생산하는 일이다. 이를테면 암 발생에 어떤 바이러스가 관련되었다고 하자. 그 바이러스가 체내에 침입하면 이것을 방어하기 위한 항체가 체내에 저절로 생긴다.

어떤 인간이나 동물에서도 그 혈액에 감마글로불린군이 있으며 이것을 모든 항체를 구성하는 단백질이라고 말하고 있다.

다만 감마글로불린군은 어떤 것이 암의 항체이고 어떤 것이 인플루엔자 바이러스의 항체이냐는 식별이 되어 있지 않다. 차라리 감마글로불린을 전혀 안 가진 동물이 존재한다면 이 동물을 사용해서 반대로 그것을 확인할 수 있다. 원래 갖고 있는 감마글로불린군의 연막에 시달리지 않아도 될 것이다.

그렇다면 감마글로불린군을 처음부터 갖고 있지 않은 실험동물을 만들기 위해서는 어떻게 하면 될까? 그것에는 이 이상은 더 항원(抗原)이 될 만한 것을 포함하고 있지 않다는 정도의 유지(油脂), 당, 아미노산류를 배합해서 만든 완전 사료로 SPF를 몇 대나 대를 거듭해서 사육하는 일이다.

이것은 아직 실현되지 않았지만 이러한 실험동물을 대량으로 사용할 수 있게 되면 백신 개발에 절대적인 공헌을 하게 될 것이다. 아미노산의 개발은 이런 데서도 중대한 역할이 기대되고 있다.

일본 실험동물 생산판매업협회의 조사에 따르면 최근 1년 동안에 전국에서 사용되고 있는 실험동물은 생쥐가 2,500만 마리, 쥐와 기니피그가 51만 마리, 햄스터가 5만 마리로 되어 있다. 10년 전에 비해 생쥐는 10배, 쥐는 7배나 늘었다고 한다.


## 안전성 시험

인간의 하루당 최대 허용섭취량을 결정하는 데는 우선 주도면밀한 만성 독성시험 데이터를 만들어놔야 한다. 그것을 근거로 해서 실험동물을 이용하여 최기성과 발암성도 포함해서 어떤 영향도 나타내지 않는 범위 중 **최대 투여량**(최대 무작용량이라고도 하며, 체중 1kg에서 나눈 양, mg으로 나타낸다)을 구한다. 그것에 안전성 계수로 보통은 100분의 1을 곱한 숫자를 기초로 한다. 체중 kg당 몇 mg이라는 수치(ADI=하루당 섭취허용량) 이내라면 매일 체내에 계속해 들어가도 지장이 없다는 뜻이다.

WHO나 FAO(국련 식량농업기구)는 그 식품규격 위원회에서 국제 식품규격과 부수 첨가물의 안전성을 해마다 체크하고 있다.

이 위원회에는 첨가물 부회와 첨가물 전문위원회가 있으며 전문위원회는 각국 전문가들이 개별적으로 평가하고 있다. 규격위원회는 ADI와 통조림, 우유, 육제품의 각 식품 가공기술, 경제성을 고려해 현실적인 규격을 만들고, 그 권고를 받은 각국 정부가 국련 참가국의 반수 이상을 차지하면 그것이 그대로 국제규격이 된다.

글루타민산 소다를 예로 들어보자. 글루타민산 소다 안전성 평가를 위해 1970년 6월에 FAO와 WHO의 합동 식품 첨가물 전문가회의(JECFA)가 글루타민산 소다에 대한 백수십 개의 방대한 실험자료를 신중하게 심의했다.

이 데이터에는 글루타민산 소다를 구성하는 나트륨과 글루타민산에 대한 생화학·생리학적 대사와 동물을 사용한 급성 독성, 아급성 독성, 만성 독성, 최기성, 발암성 등의 시험결과가 포함된 것은 말할 나위도 없다.

심의는 안전성과 유용성을 기준으로 진행되어 식품 첨가물의 사용규칙의 일반원칙(1956년), 식품 첨가물의 안전성 확립을 위한 시험방법(1957년), 식품 첨가물의 안전성 시험법(1960년)에 따라서 행해졌다.

먼저 생화학적 시험을 살펴보자. 글루타민산 소다를 먹고 그것이 위에 들어가면 글루타민산과 소금이 된다. 글루타민산은 아미노산의 일종이기 때문에 체내에 들어가면 곧 대사가 시작된다.

그 대사경로는 이미 완전히 밝혀져 있다. 포유동물에서는 다음과 같다.

글루타민산이 변화하는 가장 중요한 경로는 탈(脫) 아미노화 반응이나 아미노기 전이(轉移)반응에 의해 알파케토글루타르산으로 변하고 결국 TCA회로(사이클)에 들어가 산화되어 최종적으로 탄산가스와 물로 분해된다.

방사능으로 표식한 글루타민산 소다의 대사를 실험동물로써 조사한 바로는 천연단백질 중의 글루타민산과 마찬가지로 대사되는 것이 밝혀졌다.

다음은 독성실험이다. 이것은 생쥐나 쥐, 기니피그, 토끼를 사용해서 경구(經口) 투여한 경우, 피하주사한 경우, 복강(腹腔) 내에 주사하는 경우 각각에 대해 시험했다.

생쥐에게 경구투여한 경우, LD50이 소금 독성의 3분지 1로서 매우 안전하다는 것이 나타났다.

단기 안전성 시험에서는 쥐에게 90일 동안 글루타민산 소다를 경구투여한 뒤 대조군과 비교한 바로는 성장곡선, 장기(臟器)중량, 조직의 병리학적 검사에 전혀 차이가 없었다. 특히 두드러진 약리작용도 인정되지 않았고 독성이 전혀 없는 것으로 판단되었다. 장기간의 동물사육시험도 1953년에 쥐, 생쥐에 대해 완료했다. 성장곡선, 혈액학적 소견, 장기중량, 병리학적 검사에서 대조군과의 사이에는 별다른 질병의 변화와 발생이 인정되지 않았으며, 최기성에 대해서도 마찬가지라는 것이 확인되었다.

이러한 동물실험 데이터가 FAO·WHO 권고의 하루당 허용섭취량(ADI), 즉 체중 1kg당 120mg(천연적으로 원래 식품에 포함된 분을 제외)의 근거가 되었다. 다만 ADI는 만 1세 이하의 신생아에게는 적용되지 않는다.

JECFA에서 ADI가 설정된 것은 글루타민산 소다가 식품 첨가물로서의 유용성, 경제성, 안전성 등이 세계적으로 타당하다고 승인됐던 것을 뜻하는 것이다.

식품 첨가물 부회는 식육·식육제품 부회, 어류·수산제품 부회, 가공과실·야채 부회 등 일용품 제품규격 부회에서 만든 가공식품 규격 중 글루타민산 소다 등 식품 첨가물 첨가량의 유효성, 안전성에 바탕해서 그 사용량과 ADI를 고려해서 타당한 식품첨가량에 승인을 부여하고 있다.


## 비싸게 치르는 안전시험 비용

이상으로도 알 수 있는 바와 같이 식품이나 첨가물의 안전성에 대해 여기까지 해명하기 위해서는 상당한 투자가 필요했다.

일반적으로 말해서 2개년간 만성 독성만 추구했을 경우, 시험 대상을 폐렴을 병발하는 생쥐로 하기로 하고 시행했을 경우가 2,000만 엔, SPF를 사용하면 3,000만 엔, 또 세대(世代) 시험, 발암 시험, 최기성 시험 등을 포함한 만성 독성 전반에 대해서는 5,000만 엔, 아이소토프(동위원소) 등을 사용한 대사의 데이터를 얻으려면 그것만으로도 500~1,000만 엔이다. 일반 약리 시험도 마찬가지로 500~1,000만 엔, 더구나 권위 있는 데이터를 2개소 이상의 독성시험 연구기관에서 낼 경우는 1건당 1억 5,000만 엔(이상 1972년 기준)이라는 숫자가 된다(한국 돈으로 한다면 일본 1엔에 대한 2.5배를 곱하면 대충 타당하다. - 1980년 당시).

대기업이라도 이 비용은 쉽게 감당할 수 없는 비용이다. 국련 국제 식품규격 위원회는 식품 첨가물에 대해 다음과 같은 일반원칙을 들고 있다.

식품 첨가물은 영양품질을 유지하고 보존성, 안전성을 높이며 식품에 매력을 부여해서 식품의 가공, 포장, 수송, 저장을 용이하게 한다. 또한 특수한 식이요법에 대해서 식품의 중요 성분을 보충할 경우에 한해서 정당화할 수 있다(목적). 관리가 완벽하게 된 공장에서 효과달성을 위해 당연한 수준을 넘어서 사용해서는 안 된다(양). 그 순도는 승인된 규격에 합격해야 한다(질).

독성에 대해서는 모든 첨가물이 부단한 검사 하에 두어져야 한다(독물학적 평가). 각 첨가물의 승인은 특정 식품, 목적, 조건에 한정된다(승인).

# 4장

# 식량 위기에의 도전

파리의 유네스코 본부

---

개발도상국의 인구폭발과 공업국의 고도성장의 급속한 감속이 이루어지지 않는 한, 지구에서의 식량 위기를 지금으로서는 피할 수 없다. 일찍이 없었던 이 난제에 생명의 화학이 도전하고 있다.

---

# 1. 쌀과 라이신

**필수아미노산**

에스키모의 생활은 푸르름과는 인연이 멀다. 신선한 야채의 혜택도 없다. 그 대신 날고기를 먹어서 영양의 균형을 취하고 있다.

탄수화물, 지방, 단백질은 영양의 세 가지 요소이다. 이외에 비타민, 미네랄을 포함한 5대 영양소가 있지만 그래도 아직 영양 만점이라고 할 수는 없다. 특히 단백질이 문제다.

탄수화물이나 지방은 주로 에너지원이다. 단백질은 신체의 조직을 구성하고 그것을 유지하기 위한 원료이다. 몸 전체의 단백질은 그 절반이 약 80일 동안에 새것으로 교체된다. 간장이나 장점막(腸粘膜), 골수 등에서는 특히 빠르다. 인체의 부품은 끊임없이 새것과 교체되고 있다. 더군다나 발육기에는 몸이 커지는 몫만큼 단백질의 수요량이 어른보다 많다.

먹이로서 몸 안에 들어간 단백질은 소화기 내에서 가수분해된다. 위장관 속에서 단백질 분해효소의 작용으로 소화되고 최종적으로는 아미노산으로 분해된 다음 장관으로부터 문맥혈류(門脈血流)에 흡수되어 간장을 거쳐 전신으로 공급된다.

즉, 단백질 분해효소가 위에서 위산과 공존한 상태로 펩신이 작용해서 단백질을 펩톤이라 부르는 단계(폴리펩티드)로까지 분해한다.

다음, 소장에서는 담즙(膽汁)이나 췌액(膵液)에 의해 중화되어 중성이 되고 췌장의 분비물인 트립신, 키모트립신의 작용으로 차츰 짧은 펩티드가 된다. 펩티드는 다시 펩티다아제의 작용으로써 아미노산으로 분해된다.

어린이들의 장난감에 레고라는 플라스틱으로 만든 조립식 장난감 블록이 있다. 먹이의 단백질을 레고로 만든 복잡하고 정교한 기관차나 배라고 가정한다면, 흐트러진 개개의 레고라는 각 블록이 아미노산에 해당한다.

이 블록의 종류와 양을 적당히 조립해서 집이나 인형의 모형을 만들수 있다. 인체는 한편으로는 먹이를 분해해서 만들어진 아미노산을 재료로 해서 이번에는 인체의 단백질형에 맞춰서 그 아미노산으로부터 다시 단백질을 재편성한다.

그렇다면 몸의 단백질이나 핵산, 호르몬 등의 제조에 쓰이고 난 나머지 아미노산은 어떻게 될까? 지방이나 탄수화물(녹말, 설탕 등)의 여분의 것은 몸의 지방이나 글리코겐이 되어 저장된다.

여분의 아미노산의 경우는 그것을 구성하고 있는 질소원자가 제거되어 분해되어 버린다. 제거된 질소는 요소(尿素)로 바뀌어 배설되고, 아미노산의 나머지 부분은 지방이나 글리코겐으로 가공되어 버린다. 바꿔 말하면 아미노산은 저장되지 않는다. 한 번에 많이 섭취해서 몸속에 저장해 둘 수가 없다. 즉 나날이 일정한 양을 식사에서 취해야 한다.

레고의 블록에는 백, 적, 청, 흑 등 여러 가지 색깔이 있으며 또 크기나 형태에 따라 여러 가지 종류가 있다. 아미노산에도 약 20종류가 있다. 다만 아미노산의 종류는 그것이 식물성단백질이건 동물성단백질이건 똑같다.

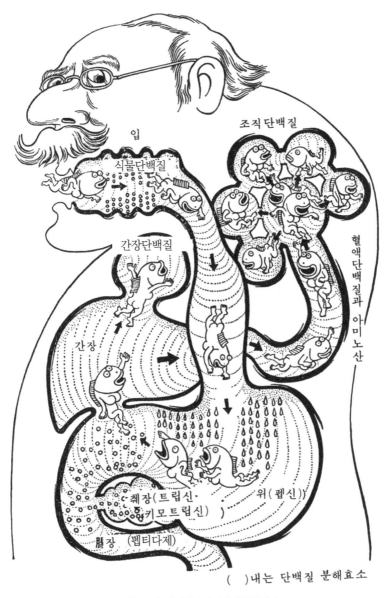

입

조직 단백질

식물단백질

혈액단백질과 아미노산

간장단백질

간장

췌장(트립신·키모트립신)

위(펩신)

膵장 (펩티다제)

( )내는 단백질 분해효소

**그림 4-1** | 체내에서의 단백질 신진대사

| mg/kg/일 | 이소로신 | 로이신 | 라이신 | 페닐알라닌 | 함유아미노산 | | | 트레오닌 | 트립토판 | 발린 |
|---|---|---|---|---|---|---|---|---|---|---|
| | | | | | 메티오닌 | 시스테인 | 합계 | | | |
| 어린이 | 90 | – | 90 | 90[주1] | 85 | | 85 | 60 | 30 | 85 |
| 성인남자 | 10.4 | 9.9 | 8.8 | 4.3[주2] | 1.5 | 11.6 | 13.1 | 6.5 | 2.9 | 8.8 |
| 성인여자 | 5.2 | 7.1 | 3.3 | 3.1[주3] | 4.7 | 0.5 | 5.2 | 3.5 | 2.1 | 9.2 |
| 배합비의 잠정기준 | 3.0 | 3.4 | 3.0 | 2.0[주4] | 1.6 | 1.4 | 3.0 | 2.0 | 1.0 | 3.0 |

FAO의 자료에서

[주] 1) 티로신 있음
　　2) 티로신양 15.8mg/kg 있음
　　3) 티로신양 15.6mg/kg 있음
　　4) 티로신양 5.0mg/kg/kg으로 가정하고
　　※ 트립토판을 기준으로 한 비율

표4-2 | 아미노산의 통

식물은 광합성이라고 해서 햇빛 에너지의 도움으로 공기 속의 탄산가스나 암모니아, 물로부터 단백질을 생합성하고 있다.

동물에게는 자가제조를 할 수 있는 아미노산도 있으나 일부 아미노산은 먹이를 통해 바깥으로부터 기성품을 체내로 섭취하지 않으면 안 된다. 체내에서는 합성할 수 없는 종류라든지 합성이 된다고 하더라도 수요량을 채울 수 없는 아미노산이 있다.

몸에서 필요한 아미노산이라고 공급측에 요구한 주문서에는 아미노산이면 어떤 것이든 괜찮다고는 씌어 있지 않다. 필요한 양과 필요한 종류가 부단히 갖춰져 있지 않으면 안 된다. 집의 형태는 만들어졌으나 기와가 덮이지 않으면 집 구실을 할 수 없는 것과 마찬가지이다.

자체보급이 불가능한 아미노산은 당연히 식품 단백질에서 공급되지 않으면 안 된다. 이런 까닭으로 식품 속 단백질의 성분으로서 빼놓을 수 없는 종류를 필수(必須)아미노산이라고 한다. 라이신, 트레오닌, 트립토판, 메티오닌, 페닐알라닌, 발린, 로이신, 이소로이신 등 여덟 종류이다.

비필수아미노산은 체내에서 포도당(탄수화물) 등을 원료로 해서 합성되고 있다. 다만 자가제조로 충당되고 있다고는 하나 이것도 그 아미노산의 구성 부분(아미노기)을 다른 아미노산으로부터 공급받고 있기 때문에 비필수아미노산이라 한들 어쨌든 먹이에 의존하고 있다.

이렇게 보면 매일 식사 메뉴에는 필수아미노산이 충분히 균형되게 포함된 단백질이 메뉴에 들어 있지 않으면 안 된다. 단백질은 말할 것도 없이 몸의 구성 요소이다. 어릴수록 신체의 크기에 비해 필수아미노산이 많이 필요하다.

## 아미노산의 통

그러므로 나이나 성별에 따라 필수아미노산의 양이 각각 다르다. 최근에 여러 가지 단백질의 영양을 평가한 결과 모유나 달걀(달걀의 흰자와 노른자 전부=달걀 전체)의 단백질이 가장 이상적인 단백질이라고 말해왔다. 그래서 모유의 필수아미노산을 기준으로 단백질을 100분비로 나타내면 어떤 식품이 얼마만큼 언밸런스한 가를 한눈에 알 수 있다.

〈표 4-3〉을 봐주기 바란다. 우유나 고기 등의 동물성단백질은 아미노산의 밸런스가 우수하고, 또 양도 많다. 이에 비해 곡류 즉 쌀, 밀, 옥수수 등에는 10% 정도의 단백질이 포함돼 있으나 아미노산의 밸런스는 그리 좋지 못하다.

윗단의 숫자는 각 식품 단백질의 질소 1g당 필수아미노산 %, 캐미컬 스코어란 사람 모유 단백질 속 필수아미노산 함유량(mg), 아랫단은 사람 모유를 기준단백질로 본 경우의 함유량에 비교한 각 식품 단백질 중의 필수아미노산 함유량 %

| | 이소로신 | 로이신 | 라이신 | 페닐알라닌 + 티로신 | 메티오닌 + 시스테인 | 트레오닌 | 트립토판 | 발린 | 캐미컬 스코어 |
|---|---|---|---|---|---|---|---|---|---|
| 사람 모유 | 320 | 610 | 420 | 580 | 220 | 270 | 100 | 320 | 100 |
| 소젖 | 320 | 590 | 480 | 630 | 200 | 270 | 92 | 410 | 91 |
| | 100 | 97 | 114 | 109 | 91 | 100 | 92 | 111 | |
| 계란 | 330 | 530 | 440 | 560 | 380 | 290 | 100 | 410 | 87 |
| | 113 | 87 | 105 | 97 | 173 | 107 | 100 | 111 | |
| 쇠고기 | 300 | 550 | 570 | 500 | 215 | 280 | 81 | 340 | 81 |
| | 94 | 90 | 136 | 86 | 98 | 104 | 81 | 92 | |
| 생선 (전갱이) | 280 | 450 | 550 | 400 | 240 | 260 | 84 | 310 | 69 |
| | 88 | 74 | 131 | 69 | 109 | 96 | 84 | 84 | |
| 보리 | 220 | 410 | 180 | 690 | 248 | 190 | 73 | 270 | 43 |
| | 69 | 67 | 43 | 110 | 113 | 70 | 73 | 73 | |
| 쌀 (정백) | 280 | 520 | 210 | 670 | 270 | 22 | 80 | 370 | 50 |
| | 88 | 85 | 50 | 116 | 123 | 81 | 80 | 100 | |
| 옥수수 (생식용) | 240 | 780 | 170 | 450 | 260 | 240 | 47 | 340 | 40 |
| | 75 | 128 | 40 | 78 | 118 | 89 | 47 | 92 | |
| 밀 (중력분) | 260 | 440 | 150 | 470 | 210 | 170 | 69 | 270 | 36 |
| | 81 | 72 | 36 | 81 | 95 | 63 | 69 | 73 | |

자료 : 과학기술청 「일본 식품 아미노산 조성표」에서

**표 4-3 | 주요 식품의 단백질 속 필수아미노산 함유량**
곡류의 식물성단백질에서는 특히 라이신이 적다

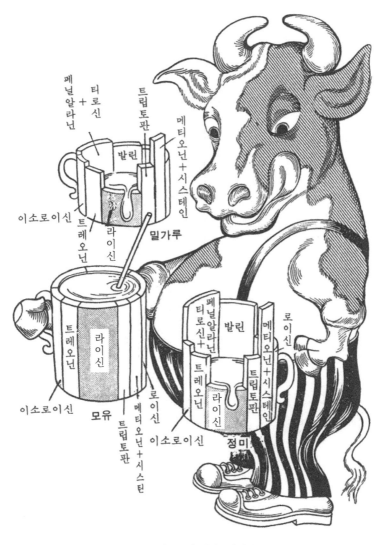

**그림 4-4 |** 아미노산의 통

| | 시 책 목 표 | 방 법 |
|---|---|---|
| 종래부터의 단백질원 | 1. 보통의 동·식물 단백질원량 및 질개선 | ● 가축의 증산<br>● 유전학적 수단에 의한 품종개량 |
| | 2. 수산업(해·담수산) 활동의 효율개선, 범위확대 | ● 해산물, 담수산물에서의 단백질 생산을 증대함 |
| | 3. 단백질 식품의 불필요한 손실 방지 | ● 해충의 구제, 저장·수송시설의 확충에 의한 단백질 식품의 낭비를 방지함 |
| 새로운 단백질원 | 4. 기름종자 및 농축기름종자 단백질의 이용촉진 | ● 콩, 땅콩의 기름종자 단백질의 이용을 확대함 |
| | 5. 농축어류 단백질의 이용촉진 | ● 농축어 단백질을 곡물에 포촉<br>● 그대로 가공해서 단백질 식품을 제조함 |
| | 6. 합성아미노산의 생산 및 이용 증대 및 합성영양식품의 이용 개발 | ● 아미노산 포촉에 의해 곡물의 영양가를 개선함 |
| | 7. 단세포 단백질의 개발촉진의 개발촉진 | ● 석유단백질, 엽단백질 등의 개발 |

| 장 점 | 단 점 |
|---|---|
| ●동물성 단백질은 아미노산 함량이 많은 양질의 단백질임<br>●품종개량에 의해, 식물단백질의 영양가를 향상시킬 수 있음 | ●긴급한 생산증대를 기대할 수 없음<br>●동물성 단백질의 생산은 코스트가 높음<br>●품종개량에는 장기간의 연구를 필요로 함 |
|  | ●개발에 장기간의 연구와 다액의 비용을 요함 |
|  | ●시설건설에 비용이 필요 |
| ●저 코스트(현재 대량으로 존재하고 있음) | ●필수아미노산이 있는 종자가 없으므로 그 생물학적 가치가 제한됨<br>●식생활 습관에 따른 소비저해가 있음<br>●냄새가 있음 |
| ●생물학적 가치가 높으므로 그 효용은 잠재적인 제품으로서의 수치가 표시하는 것보다 훨씬 크다. | ●풍미를 해치거나 냄새가 있으므로 대량으로 첨가할 수 없음<br>●제조설비가 비싸다<br>●생선자원은 천연물이며, 인위적 컨트롤이 어렵고 값이 오르는 경향이 있음<br>●현재 인간의 식품으로서 가공해도 경제적으로 대응하는 제품은 만들어져 있지 않음 |
| ●아미노산을 소량 포촉함으로써 비약적으로 영양가를 높일 수 있음<br>●식생활 습관을 변경할 필요가 없음<br>●식물의 풍미를 해치거나 냄새가 날 위험이 없음<br>●비타민, 칼슘 등을 동시에 강화할 수 있음. | ●곡물의 유통경로가 통제되어 있지 않으면 실시가 어렵다. |
| ●단백질 추출의 효율이 좋음 | ●장기간의 연구를 필요로 함<br>●경제성, 수용성, 안전성에 대해 연구할 필요가 있음 |

유엔 단백질 자문위원회 (PAG) 보고서에서

**표 4-5 |** 단백질 부족을 해결하기 위한 여러 정책의 장점과 단점

특히 곡류의 식물성단백질에는 동물성단백질에 비해서 라이신, 트립토판, 트레오닌 등 필수아미노산의 함유량이 적다. 가장 적은 것이 라이신이다. 모유 속 라이신의 함유량을 100이라고 하면 쌀은 50, 밀 36, 옥수수 40의 비율이다.

필수아미노산의 양에 차이가 있으면 영양가는 가장 비율이 작은 수준으로 평균화된다. 이해를 돕기 위해 필수아미노산의 통을 그려보자(그림 4-4). 이 통은 여덟 종류의 어떤 필수아미노산의 판자로 만들어져 있다. 판자의 면적은 각 필수아미노산의 함유량에 상응하고 있다.

모유의 필수아미노산은 위에서 말한 바와 같이 가장 많고, 밸런스도 좋다. 그러므로 통으로서는 완전한 형태이다. 이 모유통이라면 물(영양)을 부어도 통에 가득 채울 수가 있다.

밀가루나 정미(精米)에서는 라이신의 높이까지밖에는 수면이 올라가지 않는다. 다른 필수아미노산의 판자가 아무리 높더라도 라이신에서 물이 넘쳐버린다. 바꿔 말하면 라이신의 높이가 높아지지 않는 한 라이신 이상으로 존재하는 다른 필수아미노산의 높이만큼의 양은 전혀 쓸모가 없게 되어 영양상 낭비에 그치고 만다.

그래서 곡류를 주 단백질원으로 하는 식사를 하는 사람들에게는 어떤 방법으로든 그 식사에 라이신의 함유량을 높여주지 않으면 안 된다. 라이신 함유량을 다른 필수아미노산 수준까지 높여주는 것만으로써 이를테면, 정미의 경우는 모유로 치면 80% 상당의 단백질 영양가로까지 높일 수 있기 때문이다.

국련 단백질 자문위원회(PAG)는 세계의 단백질 부족 문제 해결책으로서 일곱 가지 목표를 제시했다. 이 목표에는 당장에는 해결될 수 없는 테마가 많다. 여태까지 곡류의 일부, 특히 옥수수의 품종개량에 성공해서 서광이 보였을 뿐 오히려 곡류에 라이신을 보충하는 방법이 주류를 이루고 있다. 이런 면에서 일본의 라이신 생산의 공헌도는 매우 크다(표 4-5).

# 2. 파멸을 어떻게 피할 것인가

## 유네스코 본부에서의 대회의

1972년 7월 23일이라고 하면 사상 유수의 주가 대폭락을 불러온「파운드 쇼크」, 그 파운드화 절하의 전날이다. 계절이 빠른 유럽에서는 벌써 한여름이었다. 이날 파리의 유네스코(UNESCO) 본부 대회의장에서 사람들이 손수건으로 상기된 얼굴을 닦으면서 나왔는데 그것은 굳이 기온의 탓만은 아니었다.

20일부터 이날까지 사흘 동안에 걸친 회의에서는 국제회의「경제와 인간사회」가 논의되고 있었다. 준비에 반년이나 걸린 회의였다. 그동안에는 만스 홀트 EC위원장이 MIT의「성장의 한계」라는 보고를 인용한 서한을 발표해서 전 유럽에 충격을 던져주기도 했으므로 이 회의는 개최 전부터 긴장된 분위기에 감싸여 있었다.

참가국은 미국, 영국, 프랑스, 서독, 네덜란드, 스웨덴, 세네갈, 일본 등 각국의 경제학자, 사회학자, 문학자, 노동조합 지도자 그리고 경제장관 25인이 회의의 중심 멤버였다.

개회 인사를 한 지스카르 데스탱 프랑스 재무장관(이후 대통령이 됨)의 발언 내용에서 엿볼 수 있듯이 이 회의는 경제성장의 주된 추진자인 각국

경제장관이 아이러니하게도 성장 그 자체에 던진 의혹을 회의의 테마로 삼는 국제 심포지엄이었다.

「우리는 인류의 진보와 행복을 위해 진력하고 있는 것일까? 아니면 단순히 행동을 위한 행동에만 만족하고 있을 뿐 쉬지 않고 달리는 마라톤의 당도할 곳이란 결국은 벼랑 위라고나 말해야 할 것인가?」 지스카르 데스탱 재무장관은 경제성장이 지금 안고 있는 문제점을 다음의 세 가지로 요약해서 말했다.

① 고도성장을 하기 위해서는 항상 수요를 불러일으킨다. 그러려면 끊임없이 소비자에 욕구불만을 충동질하고 조직하지 않으면 안 된다. 그러나 성장률을 고작 1%를 높이기 위해 사회를 초조하게 만들어도 되는 것일까?

② 성장을 억제해서 손해를 보는 사람이 과연 누구인가.

③ 성장의 불길을 태우기 위해 수풀의 마지막 한 그루까지 태워도 될 것인가. 원료나 에너지자원을 소모해서 그것을 과연 기술의 진보로써 보충할 수 있을까.

사흘 밤 계속된 이 열띤 토론은 만스 홀트 EC위원장(당시)의 「마이너스 성장론」과 미국의 허만칸=허드슨연구소장의 「고도성장 지속론」의 두 극론으로 인해 크게 소용돌이쳤다. 만스 홀트 씨는 그 직전 프랑스 누베르 오프세르 마트르지의 질문는 이렇게 대답했다.

「나는 도시인이 아니기 때문에 지금 인간이 무분별한 방식으로 토지를 황폐화시키고 있다는 것을 경험적으로 알 수 있다. MIT의 "성장의 한

③ 어림도 없다. 테크놀로지의 발달이 모든 것을 해결한다는 생각 그 자체가 잘못의 바탕이다.

페체

② 그것은 잘못이다! 테크놀러지의 진보는 반드시 인구문제도 극복한다. 지구는 200억 명을 양성할 수 있다. 고도성장을 지속시키는 것이다.

하만 칸

① 인류는 2075년에 멸망한다. 마이너스의 성장이 필요하다.

만스홀트

로마클럽이 예측한 21세기 지구

천연자원

세계인구

인구 1인당 식량공급고

인구 1인당 공업생산고

공해 (지구 오염도)

1900년　　2000　　2100

석유, 철 등 천연자원은 21세기 벽두부터 소멸의 길로.
인구는 21세기 절반을 정점으로 이후 감소커브.
오염은 그 이전에 피크.

⑤ 나도 그렇게 생각한다. 이를 테면 현상이 어떠한 위험을 내포하더라도 성장이 불가결한 것은 변함없다. 중요한 것은 성장의 방향이다. ─ 에드가 폴.

④ 지당한 인구문제도 전제에 따라서 변한다.

⑥ 결국 양적으로는 적고 질적으로는 높은 성장만이 필요하다. ─ 지스카르 데스탱

**그림 4-6 |** 「경제와 인간사회」의 유네스코 본부 국제회의

계"라는 보고는 내게는 가공할 계시였다. 재검토가 필요한 것은 우리의 시스템 전체에 걸친 것이며 철학에 근론적인 변혁이 필요하다.」

구미 사람은 지금 빈곤한 지역 사람들의 25배나 되는 에너지와 원료를 소비하고 있다. 자신의 논리에 충실하려면 인구 억제를 거부하고 싶은 나라는 적어도 그것의 보상으로서의 소비를 다른 나라의 수준까지 낮출 것을 받아들여야 한다. 그런데도 부유한 나라는 반대로 경제성장의 증대를 바라고 있다.

문제는 에너지, 식량, 물 등의 한계에서 보자면 우리 사회를 심각하게 변혁하지 않고서 현재의 성장률을 유지하는 일이 가능하느냐 어떠냐 하는 문제이다.

냉정하게 문제를 검토해 보면 그 대답은 'NO'라는 것을 잘 알 수 있다. 그렇다면, 이미 제로 성장은커녕 제로 이하의 성장률이 문제가 된다.

미래사회를 달성하는 열쇠는 특히 제3세계의 인구증가 문제에 있다. 출산율을 저하시키는 데는 전제 조건으로서 가장 빈곤한 나라에서의 복지향상이 필요하다. 인구 억제는 서구 여러 나라와도 관련이 있다. 원칙으로서 달성해야 할 최소 목표는 보충 가족, 즉 자식은 최대 2명이라는 형태에 도달하는 일이다.

## 살아남기 위한 청사진

영국의 〈더·이콜러지스터〉(The Ecologist)지 72년 1월호의 특집 「살아남기 위한 청사진」(A BLUE PRINT FOR SURVIVAL)에서는 이렇게 기술하고 있다.

「세계 인구는 지금부터 1세기 후에는 155억 명으로 안정될 것이다. 그러나 그 숫자는 현재의 세계 인구의 4배를 훨씬 넘는다. 1인당 에너지와 원료의 소비량도 선진국과 개발도상국과는 큰 차이가 있다. 선진국에서의 소비는 세계의 총소비량의 80%를 넘었으며, 한편 저개발국에서의 식량 증산은 인구 증가를 뒤따르지 못할 것이다.」

세계의 좋은 땅은 현재 이미 경작 중에 있으며, 국련의 식량농업기구(FAO)에 따르면 경작지 확대가 지금대로 계속되면 1985년에는 변경지대(邊境地帶)에서조차 미경작지는 존재하지 않게 된다. 더구나 지금 경작 중인 땅 가운데는 피폐해 영구히 목초지로 방치할 수밖에 없는 곳도 있다.

이런 까닭으로 FAO의 세계식량계획에서는 밀, 쌀 등의 새로운 다수확 품종에 의한 집약적 농업이 계획의 지주를 이루고 있다. 이들 신품종은 무기질 비료를 잘 흡수하며 촉성재배가 가능하고 지금의 10배의 수확이 가능하다. 다만 질병에 대해서는 약하다. 살충제로 지나치게 보호해서 다량의 비료(현재의 27배나)를 투입할 필요도 있다. 그렇게 하면 할수록 한편에서는 현재의 생태계가 파괴되어 장기적으로는 생산성을 위험에 빠뜨리게 한다. 또한 그렇지 않아도 고통스러운 저개발 여러 나라에서는 선진국에 농약산업 의존을 강요하게 될 것이다.

새로운 교배종에는 장점도 단점도 있으며 더구나 그것은 세계 식량문제 해결이 목적이 아니고 더 항구적이고 현실적인 해결책을 발견하기까지의 연결에 지나지 않는다. 더구나 이들 교배종은 연결로서도 최선은 못된다. 왜냐하면 장기 생산력을 배양하기 위해 농업의 다양화를 추진할 필요가 분명히 있는데도 교배종에 의존한다는 것은 전반적인 다양성을 감소시키는 것이 되기 때문이다.

영국인은 식량의 절반을 수입에 의존하고 있다. 그 사태 개선의 전망조차도 어둡다. 더구나 해마다 다른 목적으로 전용되는 15만 에이커의 농지는 전체 사유지의 평균보다 70%나 생산성이 높은 땅이다. 거기에 한편에서는 무기비료를 사용해 왔기 때문에 수확의 감소가 시작되고 있다.

세계적으로 1인당 식량을 입수할 수 있는 가능성은 감소되고 있으며, 그 추세는 불가피하다고 생각된다. 우리가 해외의 식량 수입으로 필요량을 채우는 일은 더욱더 곤란하고 값이 비싸질 것이다. 앞으로 30년 이내에 심각한 식량 부족에 휩쓸릴 가능성이 환상에 그칠 확률은 영국의 많은 정치가 약속하는 "풍요의 계속"보다도 적다.

대영제국의 단백질 기타의 영양소가 인간에는 칼로리에 못지않게 중요하다는 것은 누구나 다 알고 있다. 영국에는 현재 식량, 특히 양계, 양돈에 필요한 단백질을 대량으로 수입할만한 힘이 있다. 그렇기 때문에 국토의 부양 능력을 훨씬 넘어선 인구를 지금은 부양하고 있다. 그러나 세계인구의 증대, 농산물 수요의 증대에 수반해서 앞으로는 잉여 농산물 수출분을 가진 나라를 찾아내기란 한층 더 곤란해질 것이다.

더구나, 에이커당 수확량이 장래에 크게 증대될 것이라고 생각할 수

| | 개발도상국 | 선진국 | 합계 | 1960년에 대한 증가 |
|---|---|---|---|---|
| 인구(억 명) | 29 | 11 | 40 | 10 |
| 동물성단백질 (100만 톤) | 14.6 | 19.0 | 33.6 | 12.2 |
| | (13.8) | (47.5) | (23.1) | |
| 육류 | 6.7 | 9.4 | 16.1 | 5.6 |
| 어류 | 2.7 | 1.3 | 4.0 | 2.0 |
| 계란 | 1.1 | 1.1 | 2.2 | 0.8 |
| 유제품 | 4.1 | 7.2 | 11.3 | 3.8 |
| 식물성단백질 (100만 톤) | 51.6 | 26.4 | 78.0 | 30.7 |
| | (48.7) | (66.0) | (53.4) | |
| 곡류 | 33.0 | 1.06 | 43.6 | 11.0 |
| 콩류 | 13.1 | 11.8 | 24.9 | 17.1 |
| 과일·야채 | 3.1 | 2.1 | 5.2 | 1.9 |
| 뿌리채소 | 2.4 | 1.9 | 4.3 | 0.7 |
| 총계 | 66.2 | 45.4 | 111.6 | 43.0 |
| | (62.5) | (113.5) | (76.5) | |
| 식물단백질 동물단백질 | 3.5 | 1.4 | 2.3 | |

( )안은 1일 1인당의 수치(g)

**표 4-7 |** 세계의 단백질 공급(FAO 자료에서)

없다고 한다면 안정을 달성하기 위해서는 인구를 줄이는 수밖에 없다.

영국의 농업 생산력은 지금의 영국 인구의 절반밖에 부양할 힘이 없다. 영국은 앞으로 150년에서 200년 동안에 총인구 3,000만을 넘지 않도록 목표를 잡아야 할 것이다. 자원의 쇠퇴를 고려한다면 그보다 더 이하가 바람직할지 모른다.

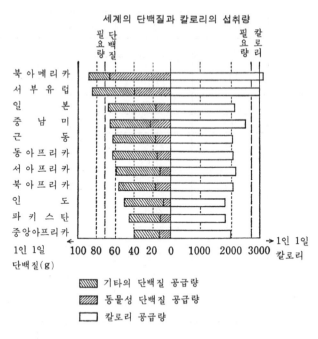

세계의 단백질과 칼로리의 섭취량

**그림 4-8 | 전 세계 여러 지역의 사람들이 영양부족을 겪고 있다**

이 표는 세계 단백질과 칼로리의 섭취량을 나타내고 있다. 어느 곳이고 세계 태반의 지역에서 부족하다. 가장 부족한 지역은 남미 안데스산맥에 있는 여러 나라, 아프리카나 근동(近東)의 건조지대 및 아시아의 고인구 밀도 여러 나라이다

1일 1인당 단백질 섭취량을 취해보면 세계의 적정 인구는 35억보다 대폭 밑돌 것이라고 생각하는 기초로 다음 세 가지 상정이 있다.

① 1일 1인당 단백질의 필요량을 평균 15g으로 한다.

② 지금의 1인당 농업 생산고가 무한히 유지되는 것으로 한다.

③ 지구에서는 필경 유토피아겠지만 분배가 완전히 평등화되어 각국 간에는 1인 1일당 단백질의 섭취량에 차이가 없다고 한다⋯⋯.

이런 상정이 현실화되지 않는 한 우리는 적정규모를 훨씬 밑돌기까지 세계 인구를 줄이거나 현재 선진국에서 볼 수 있는 것 이상의 심한 불평등을 관대하게 보거나 그 어느 쪽을 택하지 않으면 안 된다.


## 성장의 방향

여기서 유네스코 본부의 국제회의장으로 되돌아가자. 회장에서 만스홀트 씨의 "마이너스 성장론", MIT의 "제로 성장론"에 대해 정면으로 도전한 것은 미래학자 허만·칸이다. 칸의 요지는 다음과 같다.

「테크놀로지의 진보는 이윽고 반드시 인구 과잉의 문제조차 극복할 것이다. 메도우즈 보고와는 달리 지구에는 인구 200억을 부양할 능력이 있다. 전 인류는 한 사람의 연간 소득이 장래는 2만 달러(미국의 4. 5배)에 이를 것이다.」

현격한 칸의 이 낙관론에 대해 로마 클럽의 오우레리오·페체 회장은 「지금은 해결할 수 없는 문제일지라도 테크놀로지의 발달에 의해 내일이면 해결될 수 있으리라고 생각하는 것 자체가 잘못이다」라고 엄격하게 공격했다. 그렇다고 해서 이 회의에 비관론이 버젓이 받아들여진 것은 아니다. 지스카르 데스탱 프랑스 재무장관은 비관론을 이렇게 비판했다.

「지금까지의 논의는 인구 증가를 다른 요소로부터 떼내어 단독으로 다루고 있다. 그러나 인구는 원래 고정된 문제가 아니다. 전제가 바뀌면 의당 그 귀결도 바뀐다. 또 제로 성장은 부조리이다. 오히려 저성장을 생

| 지역 | 인구 [1967년 100만 명] | 상식 중의 칼로리 (평균) | 곡류, 감자류, 사탕에서 얻는 칼로리의 전칼로리의 점하는 비율(%) | 1일당 전단백질(g) | 1일당 동물성 단백질(g) |
|---|---|---|---|---|---|
| 극동 | }1,907 | 2,060 | 81 | 56 | 8 |
| 근동 | | 2,470 | 72 | 76 | 14 |
| 아프리카 | 328 | 2,360 | 74 | 61 | 11 |
| 라틴아메리카 | 259 | 2,510 | 63 | 67 | 24 |
| 유럽 | 688 | 3,040 | 63 | 88 | 36 |
| 북아메리카 | 220 | 3,110 | 40 | 93 | 66 |
| 오세아니아 | 18 | 3,250 | 48 | 94 | 62 |

**그림 4-9 | 세계 지역별 1인당의 칼로리·단백질 섭취 개요**
(FAO 자료에서. 인구는 STATISTICAL YEAR BOOK, 1968년)

각해야 할 것이다. 성장이란 사회의 요청이 아닌가.」

프랑스의 전 수상이었던 에드가 폴도 이렇게 말했다. 「경제성장은 현실적으로 사상이나 커뮤니케이션, 지적활동, 개인과 집단의 의지결정 등에 큰 영향을 미치고 있다.」

가령 지금 성장이 현실적으로 중대한 위험을 내포하고 있다고 할지라도 그렇다고 해서 성장이 불가결이라는 것에는 변함이 없다. 중요한 것은 성장을 그 궁극의 목적에 따라 방향을 설정하는 일이다.

이 방향이란 개인과 집단의 저마다의 욕구와 만족 사이에서 더 나은 조화를 찾아내는 일이다. 여러 가지 불균형, 특히 수입의 불균형을 축소

하는 일이다. 또 생활 환경의 개선을 위한 참된 정책을 수립하는 일이다. 사회자 지스카르 데스탱 프랑스 재무장관은 새로운 성장의 모습을 암시하며 MIT의 제로 성장론을 비판해서 다음과 같이 회의를 종결했다.

「현재 직면하고 있는 드라마는 경제성장보다도 정의가 웃돌고 있는 데서 생긴 것이 아닐까. 장래의 균형은 제로 성장으로는 달성되지 않는다. 양적으로는 현재보다 적고, 그러나 질적으로는 보다 높은 성장에 의해서 비로소 달성될 것이다.」


## 전쟁·영양·체위

미래가 어쨌든 간에 과거는 어떠했을까. 19세기 초기, 서구 사회를 산업혁명이 일변시키고 있던 무렵, 북구를 포함한 사람들의 신장, 체중, 초조(初潮) 연령은 두드러지게 더뎠다. 또 제2차 세계대전 직후에 태어난 아기는 전쟁을 통해서 번영과 평화를 유지했을 터인 스위스를 포함해서, 그 몇 해 전에 태어난 아기보다도 몸집이 작았다.

패전이 국민의 영양, 체위에 미친 영향은 일본에서는 심각했다. 명치(明治)이래 공업화로 서서히 향상되고 있던 일본인의 체위에 철퇴가 내려졌다. 대정(大正)초기 전까지로 체위가 후퇴한 것이다(그림 4-10).

지금도 일본 사람과 구미 사람을 비교해서 분명히 볼 수 있는 그 체격의 차이는 한 사람의 성장이 어느 단계에서 갈라지고 크게 벌어지게 되는 것일까.

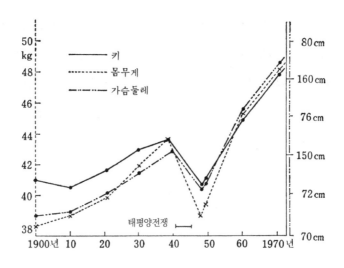

**그림 4-10 | 전쟁은 체위에 중대한 영향을 미친다**

이 표는 1900년~1970년 일본의 14세 남자의 키·몸무게·가슴둘레의 전국 평균(문부성 학교보건 통계보고서에서)이다. 어느 것이나 세계대전과 그 직후의 식량 위기가 국민에게 결정적인 타격을 주어, 1948년~1949년 이후의 점증 커브가, 약 30년 남짓 후퇴한 것을 역력히 나타내고 있다

명확한 것은 생후 6개월, 즉 모유에 의한 영양기간 중에는 양자 사이에 거의 차이가 없다는 것이다. 그 후 자꾸 차이가 벌어진다는 사실은 조숙, 만숙의 개인차를 별도로 하고, 젖을 뗀 후의 영양의 격차에 우선 주목하지 않으면 안 된다. 이것을 다른 말로 하면 패전 후 몇 해 동안에 특히 경제의 고도성장이 시작된 이래 과거 20년 동안 일본 사람의 평균신장은 영양, 특히 단백질의 양적 개선에 크게 원인이 있는 것 같다. 씨름꾼의 얼굴도 최근 수년 동안에 핸섬해졌다. 농어촌의 두드러진 영양개선의 결과일 것이다.

# 3. 영양실조

## 옥수수로는 영양실조

미국 코네티컷 주립 농업 시험장의 토마스 B. 오즈본이 옥수수의 영양 실험을 한 것은 벌써 수십 년 전의 일이다.

옥수수 이외에는 단백질을 전혀 포함하고 있지 않은 사료로 쥐를 사육한 실험에서 쥐는 분명하게 영양실조가 되었다.

영양실조의 쥐에게 극소량의 라이신과 트립토판이 들어간 옥수수 사료를 주면 그 증상이 억제되는 것이다.

옥수수는 주로 열대지방에서 재배된다. 개발도상의 여러 나라에서는 옥수수가 주식이다. 선진국, 특히 미국에서는 가축의 사료용으로 옥수수가 대량으로 재배되고 있다.

닭이나 돼지, 인간의 위는 하나이다. 옥수수 단백질의 약 50%를 차지하는 제인은 위가 하나밖에 없는 동물에게서는 소화가 되지 않는다. 그러므로, 제인을 먹으면 이론상으로는 단백질의 함유량이 많아도 영양의 질이 떨어진다. 더구나 옥수수의 알갱이 전체에서 단백질의 양은 고작해서 약 10%이다.

이것만 보더라도, 옥수수는 단백질원으로서는 결점투성이다. 더구나

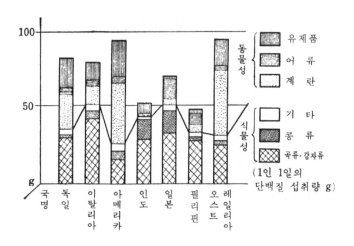

**그림 4-11** | 각국의 단백질 식품의 패턴

치명적인 것은 라이신의 함유량이 지나치게 적다는 것이다. 그래서 단백질의 질을 대폭으로 개선한 신품종의 옥수수를 창출할 꿈을 쫓아서 각국의 식물유전학자는 몹시 노력해 왔다. 겨우 최근에야 그 돌파구가 트이게 되었다.

퍼듀대학의 에드윈 T 메르즈 리카드 브레즈사니에, 나중에 올리버 E 넬슨도 참가한 연구팀은 중남미에서 수집한 옥수수의 품종 중 보통 옥수수이면 배젖이 반투명인데도 그것만은 불투명한, 즉 빛을 통과시키지 않는 품종을 발견했다. 이 품종을 보통 종류의 옥수수에 교배시킨 결과 라이신의 함유량이 69%나 늘어난 신품종이 만들어졌다.

힘을 얻은 이 팀은 다음에는 옥수수의 낱알이 연하고 가루처럼 결이

섬세한 조직의 품종을 선별해서 이것으로 마찬가지의 변이를 일으키는 데도 성공했다.

이렇게 말하면 실험이 무척 단순한 것 같지만 어느 것이든 최근의 유전학(遺傳學)을 구사한 품종개량이며, 그 방법은 1964년에 공표되었다. 그 후 식물 육종학이나 영양학의 전문가에게 새로운 바람을 불어넣어 세계 단백질 자원의 결핍에 희망의 빛을 던져주게 되었다.

창출된 신품종 옥수수는 위가 소화하지 못하는 제인의 함유량이 크게 줄었고 이에 상응해서 글루테인의 함유량이 붙어났다. 배젖의 라이신 함유량도 보통 종류에서는 단백질 100g 중 2g인 데 비해 이것에는 3.39g으로 늘고 있었다. 트립토판 기타 아미노산도 각별히 증가하고 있었다.

기다렸다는 듯이 이 신품종을 사료로 해서 보통종 옥수수를 대상으로 한 실험이 쥐와 돼지에게 진행되었다. 결과는 아주 극적이었다. 영양이 완전히 개선돼 있었다. 견실한 연구가 전혀 다른 종류의 옥수수를 창출했던 것이다.

단백질 결핍에 고민해 온 남미 콜롬비아 정부가 연구팀에 협력하게 된 것도 당연한 일이었다. 팀은 콜롬비아산 개량 잡종 옥수수를 어미계통으로 해서 아까 말한 불투명형과 가루질형의 계통을 도입해 유전과 선별의 방법을 수세대에 걸쳐 반복해서 완전히 새로운 계통을 고정하는 데 성공했다.

1967년 1월에는 대규모 실험을 진행할 수 있을 정도의 고라이신의 옥수수를 확보할 수 있었다. 이 실험에는 돼지가 사용되었다. 돼지의 소화기 계통은 인간의 것과 매우 닮았고 사료에 필요한 조건도 잘 알려져 있었다. 업자의 입장에서 보면 품질이 높고 값이 싼 사료가 그 기업을 상당한 정도로 지배하고 있기 때문이다.

테스트 결과 고라이신의 옥수수를 준 새끼돼지는 보통 옥수수를 준 것보다 성장이 실로 3.5배나 빨랐다. 체중을 1만큼 증가시키는 데 보통 옥수수 사료 7이 필요하다면 고라이신의 옥수수로는 3.3이면 족했다.

보통 옥수수로 사육한 돼지에서는 골격의 발육저해, 간장 조직의 지방 변성(變成), 세포 내 소기관의 위축 등이 보였다. 그러나 신품종으로 사육한 것은 건강하고 전체적으로 형태도 정상적이었다.


## 아동 실험에서의 극적인 효과

콜롬비아 봐레대학 의학팀은 돼지가 아니라 영양실조 아동에게 1967년부터 신품종의 옥수수를 급식하는 실험을 시작했다. 우선 실험동물에게 새 품종 옥수수와 소량의 우유와 야채로 단백질을 보충한 식사로 예비실험을 하고, 그 후 대학병원에서 영양실조로 치료 중인 다섯 살과 여섯 살 어린이 2인에게 시험해 보았다. 두 어린이는 생후 24개월의 젖먹이에게도 미치지 못할 만큼 신체가 미발달한 상태였다.

새로운 식사가 주어진 두 어린이는 90일도 채 안 되어 생활기능을 회복했다. 용기를 얻은 의사들은 다시 다른 영양실조 아동에게 고라이신의 옥수수가 유일한 단백질인 식사를 급식했다.

그 환자는 체중 21kg 이하의 여자 어린이로 걸을 수 없을 만큼 쇠약해서 식욕도 없었고 심한 설사에 시달리고 있었다. 그 아이는 금방 식욕을 회복했고 100일 후에는 건강해져서 체중도 10kg이나 늘어서 퇴원했다.

그렇기는 해도 낙관하기에는 너무 이르다. 돼지의 경우도 확실히 고라이신 옥수수로 보통 옥수수에 비해 극적일 만큼 영양이 개선돼 있었다. 그러나 돼지에게 보다 완전한 영양의 밸런스가 잡힌 좋은 사료를 주었을 때와 비교하면 고라이신의 옥수수에서는 아직도 약간이기는 하지만 돼지의 내부조직 발달지연이 인정되었다.

인간의 식품으로서도 고라이신 옥수수에는 결점이 있었다. 보통 종류의 옥수수에 비해 낱알이 연하고 조직이 가루에 가깝다. 그 때문에 가루를 물에 이겨 빵으로 구울 때는 지금까지의 방법으로는 잘 되지 않았다. 옥수수를 빻는 가공공장에서도 일단 건조한 다음 가루로 만드는 수밖에 없었다.

생육 때 연한 낱알이 밭에서는 해충에 침해되기 쉽다. 수확량도 보통 종류에 비해 무게가 1할 가까이 적다. 낱알의 밀도가 낮기 때문이다. 이러한 이유로 새 품종의 옥수수재배에 달려든 농가는 아직 양돈을 겸한 농가 정도이다. 개량은 더 필요하다.

옥수수의 총 단백질의 함유량을 지금의 10%에서 15%까지 높여 수확량을 잡종 옥수수의 수준까지 끌어올리지 않으면 안 된다.

# 4. 학교 급식의 슬기

## 라이신 첨가로 단백질이 3할 증가

라이신 등 필수아미노산을 곡류 단백질에 보충하는 한 가지 방법은 라이신 자체의 식품첨가이다.

품종개량으로 고라이신 품종을 만들어 내는 것도, 공장에서 생산한 라이신을 재래식품에 첨가해서 먹는 것도 몸에서 본다면 어느 라이신이든 이론상으로 똑같다. 이를테면, 수소나 금이라는 원소는 만국 공통이다. 러시아제 수소와 미국제 수소의 화학적 성질이 다르거나 남아프리카 연방의 금과 일본의 금에서 보존성이 다르다는 일은 있을 수 없다. 그것과 마찬가지이다.

다만 라이신 그 자체는 같다고 하더라도 인간의 식생활에는 오랫동안의 습관이나 기호가 있다. 약품처럼 그때마다 의식해 먹는 것과 식탁에서는 라이신의 혼입 자체를 전혀 알아채지 못하고 그 식품을 섭취하는 것과는 영양학적으로는 같더라도 식사로서는 전혀 다르다.

그래서 첨가용 라이신을 공장에서 생산해서 그 라이신을 재래의 식사와 마찬가지로 다룰 수 있느냐가 첫째 관건이었다. 둘째로, 대량으로 값싸고 불순물이 없는 높은 순도(부작용 걱정이 없는 조건)에서 라이신이 생산되

184

**그림 4-12 |** 라이신을 약간(0.2~0.3%)만 첨가해도 단백질이 30% 증가

지 않으면 안 된다.

1975년이 되자 세계에서 필요한 식물단백질의 총량은 1억 톤이 될 것이라고 국련 식량농업기구가 추정했다. 그 필요량에 대응한 단백질원 중에서 곡류가 차지하는 양이 압도적으로 많다.

육류나 달걀 등 동물성단백질에서도 그 사료는 곡류가 주이다. 동물성단백질을 생산하는데 7의 식물성단백질이 사료로 필요한 것이다. 어느 모로 보든지 세계의 단백질 수요에 대해 방대한 양의 식물성단백질을 증산하지 않으면 안 된다. 이런 면에서도 단백질 속의 필수아미노산의 밸런스를 유효하게 이용하는 것이 문제 해결의 열쇠가 된다.

쌀, 밀, 옥수수 그리고 기장이나 수수만 하더라도 저마다의 곡류에 포함된 단백질을 인간이나 동물이 이용하고 있는 몫은 약 50%이다. 그런데 이것에 라이신을 단지 0.2~0.3%만 섞으면 이용률이 실로 약 65%까지 높아진다. 어쩜 이 정도의 첨가만으로도 인체가 고스란히 이용할 수 있는 단백질의 양은 30% 이상이나 늘어나는 것이다!

곡류 속 단백질 함유율은 약 9%이다. 그래서 쌀 등 곡류 1kg에 공장에서 생산된 라이신을 고작 5g만 첨가한다. 그러면 쌀에 포함된 단백질을 그때까지는 45g 정도만 섭취할 수 있었던 것이 14g이나 늘어난 59g을 활용할 수 있게 된다.

이 경우, 라이신은 염산염의 형태로 정확하게 말하면 「L·라이신 염산염」으로서 첨가한다. L·라이신 염산염의 값은 1kg에 1,000엔(한화 2,500원 정도)으로 하면 곡류 1kg에 요하는 비용은 약 2엔(5원)이다. 한 사람이 1년 동안에 먹는 곡류는 130kg 정도이다. 즉 연간 1인당 260엔(650원)만 라이신 몫으로 계산하면 그것이 양질 단백질로 해서 1.8kg 상당의 효과를 갖는다. 이것은 단백질의 실질적인 증산이며 지극히 헐값이라고 하겠다.

그렇다고 해서 알약을 삼키듯이 라이신을 첨가하는 방법으로는 먹을 수 없다. 이상하게도 학교 급식에서 단백질 강화방법으로 이 라이신이 첨가되고 있는 것을 아동들은 구체적으로는 알아채지 못하고 있다. 밀은 어느 나라에서도 가루로 만들어 조리된다. 그러므로 그 가루 속에 L·라이신 염산염을 0.2%만 넣는다.

밀가루 100g의 빵에 0.2g의 라이신(약 100원)을 첨가하면 단백질 2g 정도가 증산된다. 단백질 2g이란 고기로 환산하면 약 14g이다. 고기 14g을 100원에 살 수 있을까. 더구나 라이신이 들어간 빵은 보통 빵보다 맛이 괜찮다. 일본의 후생성도 1962년 일반 시판용 빵에 「특수 영양식품」 허가 마크가 든 라이신 강화 빵의 보급을 장려하고 있다. 미국에서는 식사로 동물성단백질을 지나치게 섭취하면 혈액의 콜레스테롤 농도가 높아져 고혈압 등 순환기 질환의 원인이 된다고 해서 식물성단백질의 재평가와 결부시켜 라이신 강화식을 보급 중에 있다. 인도나 튀니지에서는 액면 그대로의 아미노산 밸런스가 목적이며 라이신 강화에 적극적이다. 즉 라이신 첨가를 둘러싸고 선진국과 발전도상국에서는 평가의 각도가 다르다. 일본은 그런 점에서 발전도상국에 속한다.


## 일본의 시장점유율이 75%

밀과 달라서 쌀을 주식으로 하는 데서는 쌀알을 그대로 먹는다. 첨가용 라이신도 낱알 모양으로 만들어서 보태지 않으면 안 된다. 태국의 첸마이 지구에서는 1970년부터 2개년 계획으로 쌀에 라이신과 트레오닌을 강화한 인조미를 섞어서 쌀의 유통경로를 통해 보급하는 실험이 진행되었다. 실험의 중심은 태국 영양연구소로 미국 하버드대학의 스테아 박사 등의 영양학자 그룹이 지도를 맡고 있다.

이 인조미는 녹말을 주체로 해서 1g 속에 라이신 0.2g, 트레오닌 0.1g 을 섞어서 쌀 모양으로 성형한 것을 일본에서 공급하고 있다. 트레오닌을 가한 쪽이 라이신을 단독으로 첨가하는 것보다 쌀에 한층 더 효과적이라는 것을 알았기 때문이다.

세계에서 라이신을 생산하는 곳은 일본에서는 A, K, T의 3개 회사이고 외국에서는 프랑스의 롱프랑과 미국의 멜크사이다. 일본이 세계의 시장점유율을 거의 독점하고 있는데, 1969년 한 해 동안의 세계 총 생산고는 4,000톤이다. 그중 75%에 해당하는 3,000톤을 A, K의 두 회사에서 차지했다. 일본의 라이신 생산량의 약 80%가 수출되고 10%는 의약과 식품첨가용, 약 90%가 가축 사료용이다.

다만, 가축 사료로 라이신을 소비하고 있는 것은 주로 선진국이다. 양계사료에는 농후한 단백질 사료가 필요하고 아미노산 밸런스라는 점에서는 물고기의 기름을 짜낸 찌꺼기인 어박(魚粕)이 바람직하다. 그러나 그 어박은 값이 비싸기 때문에 대신할 콘밀(corn meal)이나 깻묵(油粕)을 사료로 사용하면 이 사료에는 라이신이 부족하다. 그 때문에 라이신은 양계 기타 가축용 사료로서 개발도상국의 소비량보다도 압도적으로 많이 선진국에서 이용되고 있으며, 더구나 그 수요는 급증하는 일로에 있다.

또, 양계사료에 대두박을 사용할 때 부족한 아미노산의 제1 제한 아미노산은 라이신이 아니고 메티오닌이다. 이것도 일본의 공장에서 생산된 메티오닌이 콩 찌꺼기 사료의 첨가용으로 수출되고 있다.

# 5. 흰 혈액

## 단백질의 소재를 수액으로

라이신 첨가는 영양 밸런스상의 결점을 공장생산의 순량(純良) 성분으로 보충하는 것이 목적이다. 그런 영양성분을 소화, 흡수라는 귀찮은 수속을 생략하고 직접 인체에 투여한다는 생각은 어떨지. 그것은 불가능한 일일까?

즉, 식품 속 단백질은 위장에서 아미노산으로 분해된다. 위장에서 분해되는 아미노산을 위장을 경유하지 않고 외부로부터 직접 인체에 주는 것이다.

구체적으로 말하면 식품으로서가 아니라 몸이 필요로 하는 단백질의 소재로서 미리 그것의 적절한 성분량을 갖추어 두고 혈액 속에 주사하는 것이다. 칼로리원으로서의 지방 탄수화물, 비타민류도 함께 주사한다.

이렇게 하면, 인체는 그 주사에 의해 영양이 보급되고 있는 동안 소화기의 전 기능을 쉬게 할 수 있다. 또는, 그 사람 자신이 가진 소화기의 능력 이상으로 영양을 체내에 순환시키는 일도 가능하다.

그렇게 되면, 중상이나 대수술 후의 중환자 등에 대해서 이런 주사를 놓아주면 그 영양물-수액(輸液)은 절묘한 결과를 나타낼 것이다.

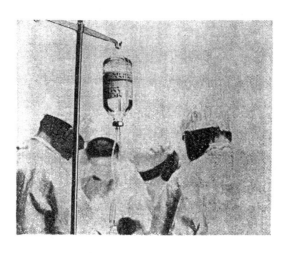

**그림 4-13 |** 아미노산 수혈을 수술 중인 환자에 사용

학생 때 미국 대륙을 자전거로 횡단 중이던 M제약의 사장, 모리시다 씨는 도로에서 굴러떨어졌다. 큰 부상을 입고 병원에 실려가 거기서 치료를 받았는데, 그때 수액이 실은 카제인 주체의 성분이었다. 맹렬한 발열로 어려운 고비를 겪느라 자전거 횡단의 꿈은 날아가 버렸다.

귀국한 M사장은 부작용이 없고 효율이 좋은 수액 개발을 결심했다. M사장과 동창인 A회사 S사장이 콤비가 되어 이 아미노산을 주체로 하는 새로운 수액을 개발하여 이윽고 실용화했다. 여기서 수액을 둘러싼 긴 역사를 잠깐 되돌아보자.

혈류 속에 직접 물질을 주입하는 사상은 1616년에 윌리엄 하비가 혈액의 순환을 발견했을 당시로 거슬러 올라간다. 그 후, 과학자들은 동물실험으로 정맥주사와 수혈의 가능성을 조사했다.

수혈은 프랑스의 의사 J. B. 데니가 사상 처음 손을 댔다. 처음에는 새끼 양의 피를 인간에게 수혈해 보았다고 한다. 수혈을 당한 사람이야말로 기가 찼을 것이다.

인간끼리 수혈을 한다고 해도 소독을 한 것도 아니며 혈액화학의 기초 지식도 없었다. 옛날에 사람은 대부분 합병증으로 죽었다.

영양을 정맥주사로 체내에 투여하는 방법은 프랑스의 생리학자 크로드 베르나르가 1843년에 시작했다.

19세기 말이 되자 생리 식염수와 당액(糖液)을 환자에게 정맥주사하는 방법이 널리 보급되었다.

이윽고, 아미노산과 포도당을 영양으로 해서 쇠약한 환자의 말초 정맥에 주사하는 방법이 1940년대에 시도되었으나 이것은 실패하고 말았다.

1950년대가 되자 미국에서는 알맹이가 진한 액체를 정맥주사용으로 개발하는 데 중점을 두었다.

지방은 1g당 9cal(칼로리)나 낸다. 탄수화물이나 단백질의 4cal의 배 이상이다. 그래서 지방을 미세한 입자로 해서 용액에 섞어 현탁액(懸濁液)으로 만들어 이것에 당, 아미노산, 비타민, 미네랄 등을 섞어 완전 영양수액을 만들려는 방법이었다.

유감스럽게도 현탁액은 아무래도 불안정했다. 지방의 입자가 너무 크면 뇌와 허파의 모세혈관이 막혀서 죽는 경우가 있었다. 미국 정부의 식품의약국(FDA)은 1964년 지방 현탁액을 일반 정맥주사에 사용하는 것을 금지했다.

## 먹지 않고 살이 찌는 중환자

정맥주사만으로 영양을 공급하겠다는 아이디어를 거부하는 한 가지 이유는 인체가 수용하는 주사액의 양적 제약에 있다. 어른 한 사람이 하루에 주사를 맞고 견뎌낼 수 있는 한계량은 약 3ℓ이다. 그 이상이면 극히 위험한 폐부종(肺浮腫)을 초래한다. 농도는 10%를 넘지 않아야 한다. 넘으면 정맥에 염증이나 폐색(閉塞) 혈액응고 등이 일어난다.

그렇다면, 당분을 10배로 희석한 1ℓ의 액이 인체에 공급할 수 있는 칼로리는 약 400cal이기 때문에 정맥주사로 하루 1,200cal밖에는 공급할 수가 없다. 이는 기초대사량에조차 미치지 못하는 칼로리이다.

마시지도 먹지도 않고 오로지 안정상태로만 있어도 하루에 1,400cal를 소비한다. 발열하면 체온의 1°C당 대사 에너지의 소비가 15%가 늘어난다. 대수술 후에는 기초대사보다도 최저 5%가 는다. 몸 표면의 절반 이상의 화상을 입은 환자는 하루에 7,000~10,000cal나 필요하다.

한편, 몸이 지니고 있는 칼로리의 저장이란 지방이다. 지방을 연소하기 위해서는 탄수화물(혈액 속의 포도당, 간장이나 근육 속의 글리코겐)이 어느 정도 필요하다. 더구나 먹지 않고 소화기로부터의 보급이 중지되고 기아상태가 1~2일 지속되면 저장된 탄수화물은 곧 바닥이 난다.

이렇게 되면, 그 후는 현재 몸을 구성하고 있는 단백질까지도 칼로리를 위해 모조리 동원하게 된다. 몸의 단백질을 분해함으로써 필요한 탄수화물을 만들어 내는 것이다. 때문에, 중환자는 단백질 결핍에 빠지게 되어 바싹 마르게 된다. 필요한 에너지의 소비를 위해 자신의 몸을 축내어

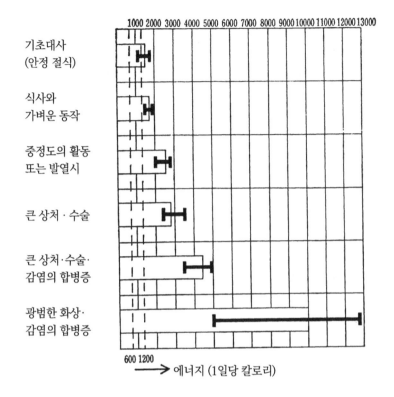

기초대사
(안정 절식)

식사와
가벼운 동작

중정도의 활동
또는 발열시

큰 상처 · 수술

큰 상처·수술·
감염의 합병증

광범한 화상·
감염의 합병증

→ 에너지 (1일당 칼로리)

- ● 어른(표준)의 대사 에너지 ├┤는 개인 차이의 범위
- ● 절식 안정상태의 기초대사는 1일 약 1,400cal
- ● 5%의 포도당을 정맥에서 보통 하는 식으로 주사하면 1일 약 600cal
- ● 농도를 배로 해도 1,200cal, 완전 영양수혈이면 1일 3,000cal
- ● 증상에 따라 4,000cal를 주사할 수 있다. 식물과 병용해서 환자
  1일 10,000cal 섭취도 가능하게 되었다

자급자족하기 때문이다.

다행히도 이뇨제(利尿劑)가 진보했다. 덕분에 대량의 영양액을 주더라도 10% 희석용을 위한 수분이 공급되고 한편에서는 배출되게 되었다. 신장이 튼튼한 환자라면 하루에 5~7ℓ 까지도 주사가 가능해졌다. 주사의 주입구로 굵은 정맥을 선택하면 농도 30%의 영양액까지도 안전하다는 것을 알았다. 그 위치는 상반신으로부터 심장에 혈액이 되돌아가는 상대정맥(上大靜脈)에 있다.

예를 들어보자. 46세 남자의 장이 90cm 절제되어 장폐색을 일으켰기 때문에 2주 후 재수술로 다시 30cm를 절제했다. 그러나 꿰맨 데가 잘못되어 수술한 지 2주 후에 대변이 새기 시작했다. 이미 체중은 13.6kg이나 감소되고, 더구나 입으로 식사를 취하는 것도 위험해졌다.

불가피하게 정맥에 영양주사를 실시하고 광범위하게 듣는 항생물질을 투여했다. 그러자 10일 후 대변의 누설이 멎고 체중도 증가했다. 수술의 상처도 낫기 시작해서 40일 후에는 식사를 할 수 있게 되었다.

그런데 그 외에도 정맥주사만으로 영양을 섭취하고 있던 이때 휴식을 취할 수 있었던 장관(腸管)이 두드러지게 회복돼 있었다. 결국 이 환자는 176ℓ 의 영양액을 체내에 섭취한 것만으로 전혀 먹지도 마시지도 않았는데도 체중이 5kg이나 늘어났다.

정맥주사만으로 충분한 영양을 공급하기 위해서는 농도가 혈액의 6배, 포도당 20~25%, 아미노산 4~5%, 미네랄, 비타민 등 기타 영양소 5%의 구성이어야 한다. 물론 무균이어야 하고 발열물질을 포함해서는 안 된다.

M제약의 의뢰로 A사의 연구 그룹은 순수한 아미노산 주사액을 만들어 동물실험을 진행했다. 고양이나 쥐에 주사해서 그 효과를 관찰하는 것이다. 그러나 「기분이 어떤가」하고 물어도 「야옹」이라는 대답도 없다. 동물의 안색을 살피고 있는 동안에 어떤 발견을 했다. 혈압이 갑자기 저하하면 고양이가 몹시 언짢은 얼굴을 한다. 그래서 시험제작용 수액(輸液)의 새로운 몫이 만들어질 때마다 고양이에게 주사해보고 기분이 좋았던 몫만을 출하하기로 한 것이다.

　　이윽고, 이 수액이 수술 전후의 환자나 골절환자, 화상환자에 효과가 있다는 것이 차츰 알려졌다. 포도당만의 정맥주사에 비하면 칼로리원으로서 또 영양 보급원으로서도 아미노산 수액은 특별한 효과가 있다는 것이 널리 인정되었다.

　　그러나 이 수액을 만들기 위해서는 순수한 아미노산을 생산하고 각각을 밸런스가 잘 맞게 배합하지 않으면 안 된다. 그 전제로서 각종 아미노산을 고순도로 필요한 양만큼 언제라도 공급할 수 있는 능력이 없으면 안 된다. 그것이 가능한 것은 세계에서 일본뿐이다.

# 5장

# 왼쪽 감이의 수수께끼

---

인간은 인공적인 대칭의 미(美)나 비대칭의 미도 더불어 받아들이고 있다. 한편 자연계의 법칙에는 비대칭성이 거의 없다. 지구상의 생물이 갖는 아미노산에는 오른쪽 감이가 거의 존재하지 않는다는 비대칭성은 현대과학의 커다란 수수께끼이다.

---

# 1. 효소와 핵산

## 생명을 연출하는 것

「생명이란 단백질의 존재 양식이다」라는 말이 있다.

아니, 단백질로서 내 생명이 결정되다니, 그렇게 단순하게 해석해도 되는 것일까? 그렇다. 이건 몹시 난폭한 표현이다.

그렇다면 이렇게 해석할 수는 없는 것일까.

인간, 동물, 식물…… 모든 생물은 세포로 형성돼 있다. 그 세포가 신구(新舊)를 교체하며 생명이 유지되고 성장, 번식을 계속하고 있다. 그 각 세포 속에 들어가 보면 ─ 현미경적인 세계이면서도 그 구조는 거대한 공장이다.

공장의 지배인은 DNA(데옥시리보 핵산)라고 부르는 유전자이다. 그 지배인의 명령을 전달해서 정교한 이 공장이 지극히 능률적으로 운영되고 있으며 그 전달자를 RNA(리보 핵산)라 한다. RNA에는 전령RNA와 전달 RNA가 있다.

전달RNA는 아미노산으로부터 단백질을 합성하고 있는데 실제로 세포공장에서의 작업을 세밀하게 진행하고 있는 것은 효소이다.

집 한 채를 세우는 데도 숱한 목수와 미장이 등 전문가가 활동하지 않으면 안 된다. 세포 내에서의 갖가지 화학반응을 진행하는 직접적인 역할은 전문가인 각종 효소군이 담당하고 있다. 즉 생명이란 이 효소군이 거대한 세포공장이라는 시스템에서 종합적으로 활동하고 있는 상태이다.

그 효소는 각종 단백질로 구성돼 있다. 부언하면 단백질은 분자량이 1만 내지 수십만이나 되는 고분자이다. 이 단백질을 구성하고 있는 요소가 아미노산이다.

효소와 DNA의 역할도 설명해야겠다. 나무를 자르고 대패질을 하는 사람, 돌을 다지는 사람은 모두 별개의 작업원이다. 같은 나무를 자르고 깎더라도 기둥을 깎는 사람과 벽판을 다듬는 사람을 다른 작업원이라고 하자. 기둥을 세우는 사람, 구멍을 뚫는 사람, 벤 자리를 깔끔하게 다듬는 사람, 만들어진 나무들을 조립하는 사람, 잇는 사람도 또 각각 다른 사람이라고 하자.

동양 사회에서는 구미와는 달리 전문가가 그리 세분화되어 있지 않다. 인도나 인도네시아 등에서는 한 부자가 부리는 수백 명의 하인은 각각 담당 분야가 다르다. 어떤 하인이 다른 하인이 해야 할 역할을 가로채서 한다는 것은 허락되지 않는다. 고용주가 자기가 떨어뜨린 손수건을 제 손으로 주우면 오히려 비웃음을 사고 만다.

효소라는 전문가의 역할도 아주 세분화되어 있다. 다만 기능을 보면 인간과 효소와는 분명히 다른 점이 있다. 인간의 전문가는 작업을 추진하기 위해 체력 등의 에너지를 사용한다. 효소는 일을 해도 에너지를 소비하지 않는다. 즉 효소는 생체 내에 있는 촉매이다.

전문가가 여기까지 분화돼 버리면 얼핏 보기에 비능률적으로 보인다. 집을 짓는 데서 보면 잡부라 하여 무슨 일이든 닥치는 대로 하는 사람이 있다. 어디서든지 부릴 수 있는 사람을 쓰는 것이 고용주에게는 유리할 것처럼 보인다.

그런데 세포라는 시스템 속에서는 저마다 개개의 화학반응이 수시로 제각각으로 일어나서는 운영될 수가 없다. 개개의 화학반응에는 적당하고 알맞은 타이밍이라는 것이 있다. 이를테면 지금 창틀을 끼우는 공사가

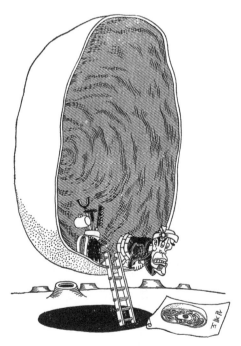

**그림 5-1** | 세포는 무엇이든 집에는 만들 수 없다

필요하고 장치가 끝나면 유리를 끼고 싶다. 그런데 창틀을 끼고 있을 때 동시에 유리를 끼워버린다면 일의 순서가 뒤죽박죽이 되어 버린다.

이를테면, 아미노산 속에서도 지금 라이신의 생산이 필요하고 트레오닌의 생산은 그 후에 필요하다고 하자. 그런데 트레오닌을 먼저 생산해버리면 도리어 방해가 된다.

이런 경우에 가령 만능선수인 효소가 있어서 라이신도 트레오닌도 척척 생산해버린다면 시스템 전체가 뒤틀리고 만다. 라이신용의 효소, 트레오닌용의 효소 등으로 따로따로 각 효소의 전문 분야를 나누어 놓고 라이신이 필요할 때는 라이신용 효소를 작용시킨다……는 식으로 각 효소의 역할을 좁게 한정해 놓는 편이 도리어 능률적이다. 만능 기계보다도 단능 (單能)기계라는 식의 사상일 것이다.

그런데 효소를 구성하고 있는 단백질은 아미노산의 종류에 따라서도 다르지만 아미노산이 100 내지 수백 개가 연결되어 구성돼 있다. 그 아미노산의 분자량도 대충 100개 정도이다. 그러므로 이 단백질의 분자량은 10,000단위가 된다. 즉 단백질은 분자량이 지극히 큰 분자이기 때문에 거대분자 또는 고분자라고 한다.

아미노산은 서로 사슬처럼 연결해 두지 않으면 용액 속에서 자유분방하게 돌아다닌다. 아미노산 상호 간의 거리도 멀어진다. 효소가 전문가로서 각자의 전문을 지니고 있는 것, 그것을 학술적으로 말하면 '특이성'이라고 한다. '특이성'을 지닐 수 있는 이유는 단백질을 구성하는 이 아미노산의 결합 순서에 기인하는 것이다. 특이성을 발휘하게 하기 위해서도 아미노산을 사슬로 결합해두지 않으면 안 된다.

고분자라고 하면 폴리에틸렌이나 폴리염화비닐 등을 상기한다. 분명히 이것도 고분자의 일종이다. 에틸렌이나 염화비닐이라는 비교적 간단한 분자만이 수천, 수만 개가 화합해서 만들어진 거대분자이다. 그러나 그 결합순서는 전혀 무질서하다. 천연섬유나 목재에 비해서 화학섬유나 새로운 건축자재가 싸구려처럼 보이는 것은 이러한 무질서한 결합 때문일 것이다. 싸구려라도 의복이나 주거와 같은 몸 바깥에 존재할 재료로 이용하는 것이라면 그런 정도의 고분자는 참을 수 있다.

생명현상이라는 고급 일을 이런 합성물처럼 다룰 수는 없다. 개구리 새끼는 개구리로, 솔개 새끼는 솔개인 것처럼 부모와 같은 형질로, 몸을 만들기 위해서도 부모와 같은 효소군이 아니면 안 된다. 솔개가 매 새끼를 낳아서는 안 된다.

가령, 어떤 종류의 아미노산을 합성하는 역할을 담당한 효소가 변질해서 그때까지의 기능을 상실했다고 하자. 이것도 흔히 있는 일이다. 그러면 그때까지 세포 속에서 효소가 자가제조를 하고 있던 그 아미노산이 부족하게 된다. 부득이 그 몫의 아미노산은 다른 데서부터 공급되지 않으면 그 세포는 살아갈 수 없게 된다.

즉 그 아미노산을 계속해서 외부로부터 보충하지 않는 한 생체는 생존할 수 없게 된다. 이런 이치가 발견되었기 때문에, 뒤에서 설명할 미생물 정량법과 미생물 공업을 발전시키게 되었다.

## 생명을 관장하는 DNA

혈우병(血友病)이나 색맹과 같은 유전병으로 아프리카의 흑인에게는 「낫형 적혈구빈혈증」이라는 병이 많이 발병한다. 빈혈은 적혈구의 헤모글로빈 부족에 의한 증상이다. 그런데 이 병의 경우는 헤모글로빈의 양이 보통 사람과 별로 다르지 않다.

조사해 보니 적혈구의 형태가 보통 사람에서는 원반 모양을 하고 있는데 이 환자의 적혈구는 낫 모양으로 비뚤어져 있다. 노벨 화학상과 평화상을 모두 받은 폴링 박사가 그 원인을 조사한 결과 헤모글로빈 분자에 이상이 있기 때문이라는 것을 밝혀냈다.

그리고 잉그람 박사가 이 이상 헤모글로빈의 수수께끼를 풀었다. 정상 헤모글로빈 속 단 한 개의 아미노산에 잘못이 있었던 것이다. 즉 DNA가 틀린 정보를 내놓고 있어서 아미노산의 결합순서가 바뀌고 헤모글로빈 분자의 입체구조가 달라져서 낫 모양의 적혈구가 만들어졌다는 데까지 해명되었다.

비슷한 유전병으로 일본에는 동북지방에 흑혈병(黑血病)이 있다. 늘 입술이 찬물에서 오래 놀아서 보라색으로 변한 것과 같은 색을 띠고 있다. 입술뿐 아니라 점막이 모두 검보라색으로 보인다. 특정한 혈통의 병이다. 이런 이상은 헤모글로빈의 헴이 보통 사람보다도 검기 때문이다. 검은 이유는 단백질의 펩티드에 있는 3개의 히스티딘 중의 하나가 티로신으로 치환되었기 때문이라고 추정되고 있다. 이런 이유로 우연한 DNA 이상이 생각지도 않는 유전병의 근원이 된다.

전문가인 효소에는 당연히 엄청나게 많은 종류가 있다.

크게 나누면

① 산화 환원 효소(알코올 탈수소효소, 옥시다제, 옥시게나제 등)

② 전이 효소(트랜스아밀라제, 키나제 등)

③ 가수분해 효소(단백질 가수분해 효소인 트립신, 키모트립신 등)

④ 리아제

⑤ 이성화 효소

⑥ 결합 효소 등이다.

다시 건축을 예로 들자. 세포의 지배인 DNA는 훌륭한 목수나 미장이를 양성하기 위한 정보를 간직하고 있다. 그 정보는 「양성 방법」이다. 어느 목재를 몇 mm로 잘게 자르라든지 어느 나무와 어느 유리를 끼우라는 작업 정보는 아니다.

이 정보의 서고는 견고하지 않으면 안 된다. 달걀을 삶으면 흰자와 노른자가 굳어서 변질한다. 그러나 그 흰자나 노른자의 세포 속에 있는 DNA의 유전정보는 변하지 않는다. 한편, 변질된 흰자나 노른자는 단백질이 그 주성분이다.

이것에서 명백하게 확인할 수 있듯이, DNA가 변질하지 않는 것을 보면 DNA는 단백질은 아니다.

내열성으로 치면 설탕이나 소금도 계란을 삶는 정도의 온도에서는 끄떡도 하지 않는다. 그러나 DNA가 설탕이나 소금과 같은 단순한 화학구조를 가진 물질이라면 복잡하기 그지없는 유전정보가 그 단순한 물질 속에 구성될 이유가 없다. 설탕처럼 단순한 분자의 집합체만이라면 각종 다양한 고급의 결합순서를 만들어 낼 수 없기 때문이다.

필경 DNA도 고분자인 것이 틀림없다.

다만 DNA가 견고하다고는 하지만 취약점은 있다. 이를테면 자외선이다. 자외선의 조사실험에 따르면, 파장이 2,600Å(옹스트롬)인 자외선에서 DNA는 가장 파괴되기 쉽다. 이 파장의 에너지를 DNA 등 핵산이 지극히 잘 흡수하기 때문이다. 자외선이나 감마선 등의 전자기파를 사용해서 미생물의 DNA의 결합순서를 인공적으로 변화시킨다. 돌연변이를 일으켜서 특수한 대사기능을 미생물에게 만들게 하는 것이 가능한 것이다.

# 2. 아미노산

## 메탄은 유기물의 기본

단백질은 영어로 프로테인(PROTEIN)이라고 한다. 어원은 그리스어의 PROTEIOS=제1인자, 즉 가장 중요한 것이라는 뜻이다.

근육, 혈액, 위, 피부 등 신체의 주요성분이나 효소도 모두 단백질이다. 달걀이나 젖, 식물의 씨앗 등 물질 속의 단백질은 새로운 생명의 탄생에서 가장 중요한 영양원이다. 단백질 없이 생명은 있을 수 없다.

이 단백질을 물을 가해서 분해하면 각종 아미노산이 된다. 20종류나 되는 아미노산에 공통되는 것은 그 화학구조이다. 각 아미노산의 분자는 그 속에 아미노기와 카르복실기를 가지고 있다. 「기」(基)란 복수(複數)의 원자 집단이며 집단 그대로 독특한 화학반응을 나타내는 팀이다.

아미노기란 1개의 질소원자(N)에 2개의 수소원자(H)가 결합한 3개의 원자로 이루어진 팀이다. 그 질소원자는 다시 탄소원자(C)와 결합해 있다. 코를 찌르는 구린 냄새를 지닌 기체 암모니아는 1개의 질소원자에 3개의 수소원자가 결합한 분자이다.

그러므로 아미노기란 암모니아 분자에서 수소원자 1개를 제거한 것이라고 생각해도 된다. 암모니아와 마찬가지로 아미노기도 염기(알칼리)성이다.

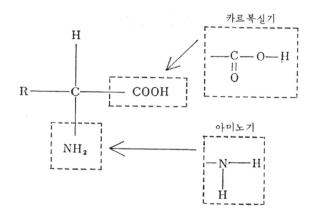

**그림 5-2** | 아미노산의 일반구조

또 한쪽의 카르복실기는 탄소원자 1개, 산소원자(O) 2개, 수소원자 1개로 이루어진다. 4개의 원자가 결합한 팀으로서 카르복실기는 산성이다. 이를테면 식초의 주성분인 초산은 카르복실기를 가지고 있다.

아미노산의 내부에는 염기성인 이 아미노기와 산성인 카르복실기가 들어 있다. 그리고 아미노산 전체는 그 이름처럼 산성인 경우도 있지만 실은 대부분의 경우 중성이다. 드물게 라이신과 같은 염기성인 경우도 있다.

가장 간단한 구조의 아미노산은 글리신이다. 일반 유기화합물 중에서 가장 단순한 구조는 메탄($CH_4$)이다. 이 메탄분자의 1개의 수소가 아미노기, 또 하나의 수소가 카르복실기에 의해 치환된 구조가 글리신이다.

한 10년 전 작고한 T의 라디오 방송에 「시궁창이나 늪 바닥에서 올라오는 거품은 메탄가스라고 하더군요. 멋없는 얘기지만 방귀라는 가스, 그

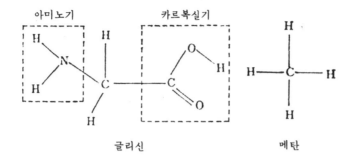

아미노기　카르복실기

글리신　메탄

**그림 5-3 |** 가장 단순한 아미노산 글리세린과 메탄의 비교

건 구리다고는 해도 그 주성분은 암모니아가 아니라 메탄가스라고 해요. 늪에 있는 메탄가스는 도깨비불처럼 활활 탄답니다. 그렇다면 방귀의 메탄가스도 이게 타지 않는대서야 말이 안 되잖아요. 방귀도 타야 할 거예요.

어느 날 밤 나는 목욕탕에서 과학적으로 실험해 보았답니다.

세면대에 있던 양치용 컵을 한 손에 들고 팀벙 욕조에 들어갔어요. 항문에서 보글보글 나오는 그놈을 말이에요. 이 컵 속에 가두어 넣었죠.

그리고 나서 성냥불을 켜서 컵 가까이에 갔다 댔더니 아니, 정말로 탔어요. 파리한 불길을 냈어요.

이 실험은 대성공이었어요. 나는 왠지 기뻤어요. 아니 우스웠던 건지도 몰라요. 정말 우스웠던 일이라면 이튿날 아침, 실험에 썼던 그 컵을 가지고 우리집 일을 돌봐주는 학생이 큰 소리를 내면서 양치질을 하고 있었죠.」

구린 것이 메탄은 아니지만 이 메탄은 사실은 모든 유기화합물의 기본 물질인 것이다.

원래 탄소원자에는 다른 원자와 결합하는 「결합수」가 4개 있다. 메탄의 경우는 1개의 탄소가 가진 네 손이 모두 수소원자와 결합한 구조이다. 그 2개의 결합수가 하나는 카르복실기의 탄소와 또 하나는 아미노기의 질소와 결합한 것이 글리신이다.

그러고 보면 4개의 손이 있는 탄소의 결합수에는 아직 2개가 수소원자와 결합한 채로 있다. 이 하나가 수소원자를 떼내어 다른 「기」와 결합하면 여러 가지 아미노산이 만들어진다.

이를테면 메탄분자로부터 수소 1개가 떨어져 나간 원자단을 메틸기($CH_3$)라고 한다. 이 메틸기가 떨어져 나간 수소원자 뒤에 결합하면 이것이 알라닌이다.

동일한 탄소원자에 아미노기와 카르복실기가 결합해 있는 아미노산을 알파($\alpha$) 아미노산이라 한다. 또 하나의 까다로운 아미노산의 호칭은 D형과 L형이다.

# 3. 입체구조와 광학 이성질체

## 광학 이성질체

아미노산 전반에 따라 다니는 라세미 문제에 대한 이해를 돕기 위해 네덜란드의 반트 호프에 의한 분자의 입체구조 이론을 소개해야겠다.

페인트의 용제로 쓰이는 디클로로메탄이라는 액체는 수소와 염소 각 각 2개와 탄소 1개로 이루어진 화합물($CH_2Cl_2$)이다. 탄소에는 앞에서 말했 듯이 결합수가 4개가 있다. 그래서 디클로로메탄의 화학구조에는 다음의 두 가지를 생각할 수 있다.

하나는 탄소원자의 동쪽과 서쪽 손을 염소원자 2개가 결합하고 남쪽 과 북쪽의 손은 수소원자 2개가 결합한 형태이다. 또 하나 생각할 수 있는 구조는 비슷한 상태이지만 염소 2원자가 탄소원자의 북쪽과 동쪽의 손과 결합하고 수소 2원자가 남쪽과 서쪽 손과 결합한 구조이다. 그런데 사실 은 아무리 실험을 거듭해 보아도 후자의 구조가 발견되지 않았다.

반트 호프는 그 이유를 분자의 입체구조로써 설명했다. 케쿨레 등이 생각했던 그때까지의 2차원의 평면도가 아니고, 3차원의 물체로 생각한 다면 그것이 실존하지 않는 이유도 간단하게 판명된다는 것이다.

〈그림 1-6〉을 다시 봐주기 바란다. 단독인 탄소원자가 결합수를 네 구석(角)에 갖는 4면체라고 생각한다. 그 피라미드의 정점과 정점이 접한

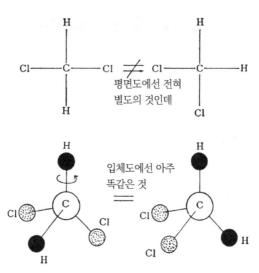

**그림 5-4 |** 디클로로메탄의 이성질체는 존재하지 않는다

상태가 단일 결합이다. 능선과 능선이 합쳐지면 2중결합이다. 면과 면이 겹쳐지면 3중결합이다.

이 이론에 따르면 탄소원자의 어느 손이 염소원자 2개와 결합하든지 조금도 상관없다. 결합은 동서, 동북이 어떻든 간에 3차원에서는 같은 것이다. 바꿔 말하면 후자의 비대칭적인 이성질체 등은 원래는 존재하지 않았던 것이다.

반트 호프가 이 탄소화합물의 입체구조를 발표한 것은 19세기 말이었다.

얘기가 뒤죽박죽되어 미안하지만, 여기서 다시 한번 완전한 과학자라고 일컬어졌던 루이 파스퇴르의 첫 출진을 상기해 주기 바란다.

프랑스는 포도밭의 나라이다. 술의 연구, 술통에 고이는 주석산의 연구는 포도 생산의 능률상 빼놓을 수가 없다.

주석산(HOOC-CHOH-CHOH-COOH)은 1770년 스웨덴의 화학자 세레가 포도주통 속의 두꺼운 침전물 「주석」(酒石)으로부터 정제하고 있었다. 그리고 염직(染織) 등에 사용되고 있었다.

1820년, 아르자스의 주석산공장의 주인인 케스토너가 주석산에 섞여 다발처럼 나오는 침 모양의 결정물질 때문에 곤란해하고 있었다. 게이 리삭은 이것을 포도주의 라틴어인 RACEMUS를 따서 라세미산(파라주석산이라고도 한다)이라고 불렀다.

비오의 논문은 주석산과 이 라세미산의 빛의 성질에 대해 설명한 것이었다. 주석산의 결정에 편광(偏光)을 쬐면 편광면이 우선회한다는 것이 알려져 있었다. 비오 교수의 논문은 라세미산이 주석산과 동일한 화학조성이며 "결정의 형태, 비중, 비굴절(比屈折)도 마찬가지"인데도 편광면을 선회시키지 않는다는 보고였다.

파스퇴르가 라세미산 결정을 확대경으로 들여다보자 그 결정은 비대칭인 이를테면, 거울에 비친 상, 오른손과 왼손처럼 서로 겹쳐질 수 없는 다른 두 무리로 이루어져 있었다. 한 무리는 주석산과 같아 편광을 오른쪽으로 선회시키고 있고 또 한 무리는 왼쪽으로 선회시키고 있다.

이 둘이 같은 양으로 섞인 것이 라세미산이다. 그렇기 때문에 편광을 선회시키지 않았다. 더구나 편광을 왼쪽으로 선회시키는 주석산은 그때까지 아무도 본 적이 없는 주석산이었다. 이것이 라세미산의 정체에 대한 해명이며 광학 이성질체의 발견이다.

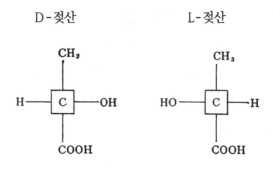

**그림 5-5** | D-젖산과 L-젖산

광학 이성질체는 반드시 탄소원자(C) 1개에 결합하는 4개의 원자 또는 원자단이 모두 「같은 종류가 아닐」 때 나타난다. 이 탄소(C)를 비대칭탄소[또는 부제탄소(不齊炭素)]라고 한다. 〈그림 5-5〉의 네모 안의 'C'가 그것이다.

젖산을 입체적으로 보면 D-젖산과 L-젖산은 별개의 분자구조가 된다. 즉 COOH의 방향으로부터 보면 $CH_3{\rightarrow}OH{\rightarrow}H$의 회전방법은 D-젖산과 L-젖산에서 서로 반대가 된다.

이것은 실상(實像)과 경상(鏡像)의 관계이기도 하다. (C)가 갖는 4개의 결합수는 각각 109°28′의 각도로 우산 모양을 하고 있다. 그렇기 때문에 D와 L에서는 구조가 다르다. 지금은 이상과 같은 설명이 가능하지만, 도무지 무엇인지도 몰랐던 당시에 루이는 단지 두셋 사실로부터 귀납해서 이 광학 이성질체의 설명을 수집했다. 천재의 직감이라고 할 수밖에 없다.

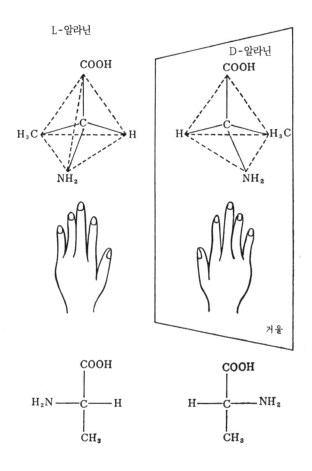

**그림 5-6** | L-알라닌과 D-알라닌

근육이 힘을 지나치게 내서 산소 부족이 되면 포도당으로부터 근육젖산이 생겨 피로감을 낳는다. 그 근육젖산은 광학 이성질체이며 당의 젖산 발효로 만들어진 것이 라세미체이다.

알라닌을 예로 들면, 알파 탄소원자의 어느 쪽에 수소와 아미노기가 결합하느냐에 따라 두 종류의 아미노산이 만들어진다. 그 어느 쪽이든 좋아 보일지도 모른다. 그런데 그것이 A사의 황산법 실패라는 쓴 경험의 에피소드를 낳기도 했다.

## 천연물은 모두 왼편 감이

이상하게도 천연 단백질의 성분에는 D형이 거의 존재하지 않는다. 다만 세균의 세포벽을 만드는 단백질 속에는 D형이 있는 경우가 많다. 그것은 효소에 의해 공격받지 않으려는 자기 방위 때문일 것이다. 또 항생물질에도 D형을 함유하는 것이 많다.

이상한 일은 또 있다. D형 아미노산은 모두 정미성(呈味性) 즉 맛이 없다. 더구나 화학적 성질은 같다. 빛에 대한 성질만 다르다. 빛의 편광면을 회전하게 하는 성질(광학활성 - 光學活性)에서 편광면의 회전각(旋光度)의 부호가 서로 반대이다.

이 빛의 성질에 바탕해서 좌선성(LEVO)을 L형, 우선성 (DEXTRO)을 D형이라고 정의한다. L형과 D형이 같은 양으로 혼합된 상태가 라세미체이다.

천연 단백질은 거의 L형 아미노산인데 합성 반응으로 만들어지는 아미노산은 라세미체이다. 발효 등 미생물을 사용한 생물학적 수단으로 인공화된 아미노산은 모두 L형이다. 이 D형이나 L형, 라세미체가 아미노산 공업에는 늘 따라붙는다.

**그림 5-7** | 오른편 감이 아미노산에는 맛이 없다

왜 L형만이 우리 생물, 생명과 관련해서 존재할까? 왜 천연에는 D형이 존재하지 않을까? 그 수수께끼는 아직도 여전히 풀리지 않고 있다.

그렇기는 하나 D, L형으로부터 시작해서 단백질과의 관계가 밝혀지게 됨에 따라 지구상에서 생명의 기원과 깊은 인과관계가 있다고 생각되어 왔다.

지구상에 생물의 싹이 트기 전에 화학의 단계에서는 이미 진화가 있었다. 이를테면, 암모니아나 메탄이라는 단순한 유기화합물로부터 차츰 복잡한 유기화합물로, 그리고 생물로 진화한 그 과정에서 실은 D형이 떨쳐 나가고 L형만이 남게 된 것이 아닐까? 그런 선별이 있었던 것이 아닐까 하는 추측이다.

만일 지구 이외 천체의 생물도 아미노산을 기본물질로 하고 있다면 어쩌면 그 생물은 지구 위와는 반대로 D형만으로 만들어져 있을지도 모른다.


## 라세미체로부터 "왼편 감이"를 제거하려면?

역사적으로는 수많은 에피소드를 남긴 라세미체이지만 라세미체 그대로는 실용가치가 적다. 그러면 그 라세미체로부터 필요한 L형을 효율적으로 분리하는 방법으로는 어떤 방법이 있을까? 거기에는 두 가지 방법이 있다.

하나는 접종 분할법(接種分割法)이다. 글루타민산 소다의 합성공장에서는 이 방법이 이용되고 있다. 먼저 라세미체 속에 L형의 씨를 투입한다. 그러면 이 씨를 둘러싸고 결정화가 진행되는데 라세미체 속의 L형만이 모여서 눈사람처럼 결정을 키워간다. 다만 결정이 커짐에 따라서 D형도 결정에 섞여들기 때문에, 그것을 방지하는 연구가 다른 한편에서 실시되고 있다.

또 하나는 발효법이다. 라세미 아미노산을 간단한 유도체로 해서 그것을 분해하는 효소를 작용시킨다. 그러면 D형의 아미노산 유도체가 그대로 남고 L형만이 아미노산으로서 재생된다. 이것을 이용한다.

이렇게 해서 D형만 농축되고 나머지 액을 압력솥에 넣어 200℃ 정도로 가열하면 이것이 또 라세미체가 된다.

그래서 다시 같은 공정으로 L형을 빼내 다시 가열해서 라세미화하는 방법을 반복한다. 즉 라세미체와 활성체(D형 또는 L형)의 성질 차이, 특히 온도나 염산 등 그것을 둘러싼 환경조건에 의한 차이 등을 이용하는 것이다.

유기화합물이라고 하면 알코올과 같은 액체도 있지만 고체가 대부분이다. 또 파라핀처럼 신나나 휘발유와 같은 유기용매(有枝溶媒)에는 녹기 쉽고 물에는 녹기 어려운 것이 보통이다.

그런데 유기화합물이면서도 아미노산은 별난 것이다.

① 액체가 아니다. ② 백색이거나 무색의 결정체이고 ③ 200℃ 이하의 온도에서는 녹지 않는다. ④ 유기용매에는 녹지 않는데도 물에는 녹는다.

즉 유기화합물이라기보다는 무기화합물인 식염(NaCl)과 흡사하다. 아미노산에 유기화합물로서 별난 이런 성질이 나타나는 원인은 아미노산 속의 아미노기와 카르복실기에 있다.

카르복실기는 산성이기 때문에 수소 이온을 방출하는 성질이 있다. 아미노기는 염기성(알칼리성)이므로 수소 이온과 결합하는 성질이 있다. 같은 분자 속에 이렇게 상반되는 성질의 원자단이 들어 있기 때문에 카르복실기는 음이온, 아미노기는 양이온이 되어 분자 내에 플러스, 마이너스의 두 전기를 지니는 형태(분자 내 소금)가 된다. 그것이 모여서 아미노산 결정 (이온성 결정)을 만들고 있는 셈이다.

# 4. 아미노산의 생산

## 세계의 연구실을 상대로

밀가루나 콩의 단백질 속에서, 20종류나 되는 아미노산의 일종에 불과한 글루타민산을 뽑아낸 공장의 찌꺼기 액체에는, 다른 아미노산류가 엄청나게 많이 포함된 채로 있다.

이 잔액을 고스란히 간장 원료로 사용하는 것도 나쁘지는 않지만 몹시 아깝다. 각 아미노산을 순수하게 추출해서 그것을 각각 이용할 수는 없을까?

처음에 A사의 연구실에서 단백질 용액을 전기분해해서 간단하게 글루타민산을 뽑아내는 방법을 개발할 목적이었다.

전극에 의해 그 양극 쪽에는 글루타민산이, 음극 쪽에는 라이신, 히스티딘, 아르기닌의 염기성 아미노산이 또 중간 방에는 프롤린 외에 발린, 로이신 따위의 중성 아미노산이 모일 터였다. 그런데 양극에서 발생하는 산소가스가 모처럼의 글루타민산을 산화해서 숙신산을 만들어버린다. 아무리 해도 양극에 적절한 산화방지법이 얻어지지 않았다.

그래서 차라리 이 전기분해로 음극 쪽으로 끝나버린 염기성 아미노산에다 시장성을 갖도록 할 수는 없을까 하고 생각했다. 1949~1950년 아미노산 화학의 연구가 세계적으로 진행되기 시작하던 시기였다. 순수하게 분리된 단일 아미노산이 만들어지기만 한다면 각국의 연구실에서 많은 수요가 있을 것은 뻔한 일이었다.

그러나 중성 아미노산 속에서 미묘한 성질의 차이를 이용해서 개개의 아미노산을 순수한 결정으로 추출한다는 것은 꽤 어려운 일이었다.

다행히도 제2차 세계대전 후 이온교환 수지(樹脂)기술이 두드러지게 진보했다. 이것을 최대한으로 사용해서 선별한다.

이온교환수지에 대해서는, 1942년 전쟁 중 독일로부터 보내온 학술논문에 소개되어 있었다.

그것을 모방해서 일본에서도 이오오섬(硫黃島)에서 음료수를 확보하기 위한 해수탈염(海水脫鹽)의 목적으로 개발을 추진했다. 그러나 핵심인 폴리스티렌수지의 대량생산이 불가능했다. 해군의 명령으로 하나둘 화학회사가 스티롤 수지를 시험적으로 만들어 이것으로 임시변통할 생각이었으나 결국 해수탈염은 성공하지 못했다.

이 시행착오가 전쟁 후의 이온교환수지 개발의 기초가 되었다. 중성 아미노산의 혼합 수용액을 이온교환수지에 통과시키면 각 아미노산 분자의 크기에 따라 수지 부착에 강약이 생긴다. 이것으로 아미노산을 분리하는 것이다.

전후 이온교환수지가 일본에서 실용화된 것은 석유화학 공업이 등장한 이후부터였다. 전시 중 독일의 각종 기술은 PB리포트에 정리되었다. PB리포트가 기초가 되어 이온교환수지의 실용화가 전후 세계에 기술혁신을 낳았다. 기술혁신은 전시 중 독일의 두뇌와 전후 미국의 실용화 연구, 산업, 자본력에 의해서 실현되었다.

일본에도 전후 PB리포트가 진주군에 의해 들어왔다. 이렇게 해서, 이 온교환수지가 실용화되고 페이퍼 크로마토그래피도 소개되어 혁명적인 분석기술이 확립되었다.

더구나 페니실린의 개발로 미생물 정량법(바이오·에세이)이 확립되어 젖산균을 사용해서 요구되는 아미노산의 종류와 양을 측정하는 방법이 정밀도를 높여 갔다.

하등 균인 젖산균에 필수아미노산은 인간보다 훨씬 더 많다. 아미노산 종류의 거의 전부가 외부로부터 주어지지 않는 한 젖산균은 자라지 않는다. 그래서 젖산균의 배지에 외부로부터 아미노산을 가해주면 가해진 양에 따라 젖산균이 자란다. 그 발육방법을 나타내는 액의 혼탁한 정도를 통해 아미노산을 정량하는 것이다. 특정 아미노산만으로 만든 배지에서 순수배양을 하면 각 아미노산을 정확히 정량할 수 있다. 이렇게 해서 아미노산 혼합액으로부터 요구하는 아미노산을 추출하는 기술이 실용화되어 갔다.

또 아미노산을 발효로써 생산하는 기술도 확립되었다. 합성법으로도 몇 가지 종류의 아미노산을 생산할 수 있다. 거의 모든 종류의 아미노산은 이렇게 수요에 대응해 추출법, 발효법, 합성법 중 어느 방법을 사용해도 대량생산이 가능해졌다.

그 무렵, 해외시장에 아미노산을 시판하고 있는 곳은 미국뿐이었다.

단백질로부터 분리해서 무서우리만큼 까다로운 방법을 통해 하나하나의 아미노산 시약을 1g당 몇천 엔이라는 비싼 값으로 팔고 있었다.

1952년에 A사가 전기분해법으로 아미노산 시약을 발매했을 때 그 값은 이미 미국 제품의 10분의 1이었다. 물론 각국의 아미노산 연구실에서 사용하는 것이므로 시약의 전체 판매량이라고 한들 그 수량은 뻔한 것이다. 시장가치로서는 아미노산으로 만든 수액이나 각종 약품이 훨씬 더 크다.

# 5. 펩티드

## 디펩티드, 폴리아미노산

단백질만큼 거대한 고분자는 아니지만, 아미노산이 수 개에서 수십 개가 결합한 물질이 몸 안에 있다. 그리고 독특한 생리작용을 영위하고 있다. 이것이 펩티드(아미노산과 단백질의 중간물질)이다. 아미노산의 결합방식은 단백질 속 아미노산의 결합과 같다. 이 결합을 펩티드결합이라고 한다.

단백질은 분자량이 수만 개 이상이며 효소의 작용을 가진 것이 있다. 펩티드는 분자량이 수천 개 이하로 호르몬 작용이나 항균성 등의 성질을 갖는 펩티드가 많다.

20종류의 아미노산이 결합해서 만드는 펩티드에는 얼마만 한 종류를 생각할 수 있을까? 2개의 아미노산으로 구성된 디펩티드는 20의 두제곱 즉 400종류이고 3개의 아미노산에 의한 트리펩티드는 세제곱이니까 8,000종류……로 방대하다.

그 가능성을 따로 하고라도 두 종류의 아미노산으로부터 디펩티드를 만드는 경우를 생각해 봐도 그 화학합성의 절차는 대단히 까다롭다.

이를테면, 아미노산 속에서도 단순한 글리신과 알라닌을 반응시키는 경우를 생각해 보자. 글리신과 알라닌, 그 반대로 알라닌과 글리신 또 글

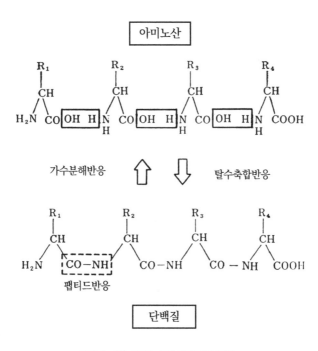

**그림 5-8 |** 아미노산과 단백질의 관계

리신과 글리신 또는 알라닌과 알라닌이라는 네 종류의 펩티드가 만들어

질 것 같다. 거기서는 어느 아미노기와 어느 카르복실기를 반응시키고 그

밖에는 반응시키지 않게 하는 조작이 필요하다. 펩티드를 합성하는 기술

은 최근 현저하게 진보했다. 펩티드 자동합성 장치까지 출현해서 자동적

으로 합성할 수도 있다.

이러한 펩티드 합성기술을 다시 정교하고 복잡하게 사용해서 아미노산

을 100개 이상 결합해 가면 단백질이 인공 합성되는 이치이다. 그러려면 적

어도 100개 이상의 아미노산을 결합하지 않으면 안 되고 구조도 복잡하다.

단백질의 합성은 쉽게는 달성되지 않지만 아미노산의 결합순서가 확실하게 알려진 단백질은 이미 두셋에 그치지 않는다.

단백질과 같은 정교한 결합순서를 바라지 않는 것이라면 한두 종류의 아미노산을 중합시켜 유사 단백질을 만드는 것은 지금이라도 가능하다. 이것을 폴리아미노산이라고 한다. 폴리아미노산은 합성 섬유 또는 합성 피혁의 표면 가공제 등에 이미 실용화가 진행되고 있다. 학문적으로 말하면 폴리아미노산이란 일종의 단백질 모델이다.

혈액 속에 혈액의 단백질로부터 분리해서 혈압을 컨트롤하는 작용이 있는 펩티드가 존재하고 있음을 알았다. 이 펩티드는 아미노산이 8개로 이루어져 있다. 혈압 상승작용이 있는 안기오텐신과 9개로 이루어진 혈압 저하작용이 있는 브라디키닌이다. 이 두 가지는 혈압을 조절하는 호르몬으로써 그것을 연구하는 가운데서 고혈압 치료제가 발견되리라고 기대되고 있다.

소화작용을 조절하는 펩티드 호르몬에는 위액의 분비촉진 작용을 하는 가스트린이 유명하다. 가스트린은 17개의 아미노산으로 이루어져 있다. 그 활성은 가스트린 전체의 말단 부분에 있는 트립토판-메티오닌-아스파라긴산-페닐알라닌의 구조만으로도 충분히 발휘된다고 한다.

뇌하수체(腦下垂體)는 호르몬의 센터이다. 뇌하수체는 세 부분으로 구성된다. 그것의 후엽으로부터는 자궁을 수축시키는 작용을 하는 옥시토신

## 펩티드 호르몬의 구조

| 펩티드 | 작용 | 구　　조 |
|---|---|---|
| 안기오텐신 | 혈압상승 | Asp-Arg-Val-Tyr-Ile-His-Pro-Phe |
| 프라디키닌 | 혈압하강 | Arg-Pro-Pro-Gly-Phe-Ser-Pro-Phe-Arg |
| 가스트린 | 위액분비<br>촉진 | PyGlu-Gly-Pro-Trp-Met-Glu-Glu<br>-Glu-Glu-Glu-Ala-Tyr-Gly<br>-Trp-Met-Asp-Phe(NH₂) |
| 옥시토신 | 자궁수축 | Cys-Tyr-Ile-Gln-Asn-Cys-Pro-Leu<br>⌞_____⌟<br>-Gly(NH₂) |
| 바소프레신 | 항이뇨 | Cys-Tyr-Phe-Gln-Asn-Cys-Pro-Arg<br>⌞_____⌟<br>-Gly(NH₂) |

## 아미노산의 약호

| | | | |
|---|---|---|---|
| Ala | 알라닌 | Leu | 로이신 |
| Arg | 아르기닌 | Lys | 라이신 |
| Asn | 아스파라긴 | Met | 메티오닌 |
| Asp | 아스파라긴산 | Orn | 오르니핀 |
| Cit | 시트룰린 | Phe | 페닐알라닌 |
| CysCys | 시스틴 | Pro | 프롤린 |
| Cys | 시스테인 | PyGlu | 피로글루타민 |
| Gln | 글루타민 | Ser | 세린 |
| Glu | 글루타민산 | Thr | 트레오닌 |
| Gly | 글리신 | Trp | 트립토판 |
| His | 히스티딘 | Tyr | 티로신 |
| Hyp | 옥시프롤린 | Val | 발린 |
| Ile | 이소로이신 | | |

표 5-9 | 펩티드 호르몬의 구조(상)와 아미노산의 약호(하)

과 항이뇨(抗利尿) 작용을 하는 바소프레신이 분비되고 있다. 모두 아미노산 9개로써 이루어지는 펩티드로서 구조도 비슷하다. 이 인공 합성품은 천연물의 추출품과는 달라 부작용이 없고 효과가 일정하다(표 5-9).

항생물질에는 그 구조에 펩티드를 포함한 것이 많다. 페니실린 구조의 일부는 시스테인과 발린의 펩티드이다. 항암제로 알려진 브레오마이신에도 펩티드 구조가 있다. 더구나 이상하게도, 펩티드 항생물질에는 D-아미노산이라든가 일반적으로는 존재하지 않는 특별한 구조의 아미노산을 포함하는 경우가 많다.

청주의 짙은 맛은 글리신-L-로이신 등의 펩티드이다. 펩티드의 맛은 그것을 구성하는 아미노산에 의하는 것이 아니라 펩티드 전체의 구조에 의해서 결정된다고 한다.

# 6장

# 라이프 사이언스

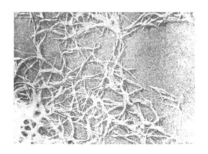

「꿈의 섬유」 아미노산 섬유의 현미경 사진

---

20세기의 창문은 물리학이 먼저 열었다. 이어서 물성(物性), 화학, 생화학의 문이 트이고 학문은 생명현상의 해명으로 향했다. 앞으로 과학이나 기술이 자유분방하게 활약하리라고 기대되는 무대-라이프 사이언스의 길로 들어선 아미노산의 이정표는?

---

# 1. 뇌를 컨트롤

## 페닐케톤 요증

1934년의 어느 날, 노르웨이의 아스브요른 펠링이라는 의사에게, 지능발달이 더딘 지진아(遲進兒) 둘을 데리고 한 어머니가 찾아왔다. 어머니는 「이 애들에게 곰팡이 냄새와 비슷한 이상한 냄새가 나는데, 그 냄새와 지능발달이 더딘 것과 무슨 관계가 있지 않을까요」 하고 물었다. 펠링은 진찰 때 그 어린이의 오줌을 받아 두었다가 나중에 조사해 보았다.

분석결과 그 오줌으로부터 뜻밖에도 소화되지 않은 페닐알라닌이 나왔다. 이 발견이 계기가 되어 이 어린이의 지능발달이 더딘 것에 대한 원인이 의외의 방향으로 진전되었다. 이 환자에게는 페닐알라닌을 대사하는 주요한 효소가 결핍되어 있었던 것이다. 당초에는 유전자 DNA 중 단 한 개에 고장이 있었다. 그 때문에 간장에서 페닐알라닌이라는 아미노산을 대사하는 주요한 효소, 수산화 효소에 결함이 생겼다.

그것은 아주 사소한 결함이었으나 수산화되어 티로신이 되지 못하는 대신, 페닐알라닌이 아미노산기 전이(轉移)에 의해 페닐피르브산이나 페닐초산으로 이행해서, 몸의 조직에 축적돼 가는 것이었다.

즉 식사 때마다 페닐알라닌이나 페닐피르브산의 체내 축적량이 늘어나는 한편, 축적된 페닐알라닌과 그 부산물이 끝내 그 어린이의 뇌를 침범하기 시작한 것이다.

그 원인을 알아냈다. 그러나 페닐알라닌을 대사하는 주요 효소의 결함을 고칠 수 있는 방법은 없었다. 그래서 어린이에게 페닐알라닌을 최소한으로 줄인 영양을 만들어서 식사로 줘 보았다.

그러자 그 방법으로는 식사 속 단백질 함유량을 바꾸는 대단한 수고와 어려움을 수반하는 식이요법만 가능했다. 그 식이요법의 효과가 나타나더라도 상실된 뇌세포가 회복될 수는 없다.

그 후 이런 종류의 환자를 페닐케톤 요증(尿症)이라 부르게 되었다. 그들에게는 치료보다도 조기 발견을 중요시하게 되었다. 그것을 검출하려면 환자의 오줌에 소량의 염화 제2철을 가하면 청록색의 고리가 생기기 때문에 쉽게 알 수 있다. 그러나 생후 3~4주간이 지난 뒤에 발견해서는 이미 때를 놓치게 되는 수도 있다. 최근에는 간단히 발견해서 특수 우유로 양육함으로써 상당히 극복할 수 있게 되었다.


## 파킨슨병

이것과는 반대로 특정 효소가 결여되어 있기 때문에, 페닐알라닌족이 부족해서 심각한 신경증이 발생하고 있는 경우도 있는데 그것이 바로 파킨슨병이다. 1817년에 영국의 의사 파킨슨이 최초로 학계에 보고한 병으로 흑인에게는 거의 없고 백인에게 많다. 황색 인종에게는 드물게 있다.

**그림 6-1** | 파킨슨병은 백인, 특히 북유럽인에 많다

피부의 색소에 관계되는 병으로 전 세계의 추정 환자 수는 100만 명 이상
이다. 북유럽에 특히 많으며 노인들은 다소간에 불구하고 파킨슨병에 걸
려 있다고도 한다.

파킨슨병에 걸리면 손발에 특유한 떨림이 있고 손발, 얼굴 등의 근육
이 굳어진다. 바른 자세를 취하기 힘들다. 발끝으로 총총걸음으로 걸으며
기거조차 자유롭지 못하다. 표정도 얼빠진 듯 보이며 입을 놀리기조차 고
통스럽다. 인간다운 섬세한 동작이 모두 불가능해진다. 중년 이상의 사람
들이 걸리기 쉽다.

일본에서는 「떨림 중풍증」이라 해서 흔히 말하는 중풍증에 가깝다. 최
근 늘어난 이유는 동맥경화나 교통사고로 인한 두부 외상의 출혈 후유증
에 기인하는 것 같다.

그러므로 파킨슨병은 정식으로는 파킨슨 증후군이라고 불리며 하나

하나의 각 증상의 원인은 복잡하다. 두부 외상의 후유증이나 뇌연화증(腦軟化症)의 경우가 있고 또 일산화탄소 중독이나 뇌염, 체질적인 대사장해가 원인일 수도 있다.

어떤 원인이든 간에 이 증상이 중추신경의 일부 장해로 일어나는 것은 확실하다. 환자의 시체를 해부해서 알아낸 일이지만 보통이면 뇌의 일정한 장소에 있는 도파민이라는 물질이 이 환자에 한해서 극히 적다는 것이다.

대뇌 깊숙한 곳에 기저핵(基底核)이라는 특수한 신경세포군이 있다. 전신의 신경작용은 모조리 여기서부터 전달되는 화학물질로 컨트롤되고 있다. 즉 신경세포라는 배선 속에서 지령은 전기적으로 전달되게 하지만 배선의 각 연결 부분에서 특별한 화학물질이 전령의 구실을 한다. 여기에는 흥분을 전달하는 물질과 반대로 억제하는 물질이 있어서 적당히 밸런스가 유지되고 있다.

도파민은 억제를 담당하는 화학물질이지만 파킨슨병의 환자에게는 이 도파민이 부족하다. 그러므로 여기의 신경이 끊임없이 흥분상태에 놓여 있어서 전신의 근육이 비정상적으로 긴장하는 것이다.

### 특정인에게 있어서의 필수아미노산

치료에는 도파민을 주사하면 된다고 하겠다. 그러나 뇌세포라는 곳에는 원래 혈액으로부터 분별없이 마구 잡다한 물질이 실려 들어오는 것을 거부하는 「뇌 관문」이라는 곳이 있다. 이 관문에서는 도파민이라 한들 뇌

세포에는 들어갈 수 없으므로 아무리 도파민을 주사해도 소용없다.

그런데 다행히도 도파민의 기본물질인 도파는 무상출입이다. 도파란 누에콩(蠶豆)의 열매 껍질에서 발견된 아미노산이다. 다만 이 아미노산 도파는 동물의 체내에서는 아미노산이 연달아 대사될 때 그 중간물질로서만 존재한다.

건강한 사람의 경우는 식품 단백질 속에 있는 아미노산인 티로신 또는 필수아미노산으로서, 식물성단백질에 풍부하게 들어있는 페닐알라닌으로부터 만들어진 티로신이 수산화 반응을 해서 도파가 생성된다. 파킨슨병 환자에게는 원인이야 어쨌든 이 티로신 수산화 효소가 거의 결여돼 있다.

다만 도파는 뇌 속에서 탈탄산(脫炭酸) 효소의 작용으로 도파민으로 변화되는데, 그 탈탄산 효소는 파킨슨병의 환자라 할지라도 쇠퇴되어 있지는 않다. 그러므로 도파를 투여해 주기만 하면 뇌 속에서 도파민을 어김없이 생산해 준다.

관점을 달리하면 파킨슨병 환자에게 도파는 필수아미노산이라고 하겠다. 실제로 파킨슨병의 환자에게는 도파가 아주 잘 듣는다.

도파는 식품에는 들어 있지 않다. 그러므로 인공적으로 만들어진 도파를 파킨슨병의 환자는 일생 동안 먹어야 한다. 결함 효소를 체내에서 회복시키거나 만들게 하는 일은 지금의 학문으로서는 불가능하다. 병의 근치 방법이 없는 이상 도파의 연속복용에 의지할 수밖에 없다.

도파 치료법을 어렵게 말하면 원래 몸속에서 저절로 만들어지고 있어

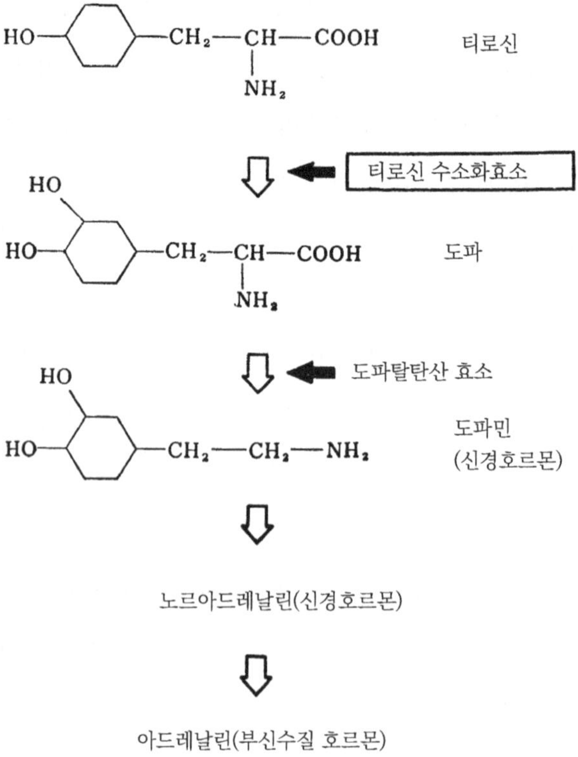

HO—⬡—CH₂—CH—COOH    티로신
                    |
                    NH₂

⬇ ⬅ 티로신 수소화효소

HO
HO—⬡—CH₂—CH—COOH    도파
            |
            NH₂

⬇ ⬅ 도파탈탄산 효소

HO
HO—⬡—CH₂—CH₂—NH₂    도파민
                    (신경호르몬)

⬇

노르아드레날린(신경호르몬)

⬇

아드레날린(부신수질 호르몬)


(파킨슨병 환자는 티로신 수산화 효소가 결핍돼 있음)

**그림 6-2 |** 도파의 대사경로


야 할 생리적인 물질을 치료를 위해 약리적인 물질로서 다룬다는 사상에
다 바탕을 두고 있다. 그것은 생화학과 생리학이 손을 잡은 결과의 산물
이기도 하다.

또 그것은 뇌의 극히 일부 기능 이상을 인위적으로 컨트롤하는 데 성공한 드문 예이기도 하다. 인체 내에서 가장 신성하고 범하기 어려우며 복잡하고 접촉하기조차 어려운 일로 치던 뇌신경 기능에 생화학적인 접촉이 시작된 것이다.

이런 사실로부터도 뇌의 기능이 아미노산 대사와 밀접한 관계에 있다는 것을 알 수 있다. 각성(覺醒), 수면 또는 희로(喜怒), 놀라움, 슬픔의 감정의 발동도 아미노산을 중심으로 하는 물질대사로 차츰 설명할 수 있게 되었다.

# 2. 피임약

## 욕망을 컨트롤하는 것

지능발달이 더딘 병 중의 하나로 다운증후군이라는 것이 있다. 코 가까이의 눈 가장자리에 특유한 주름이 있고 콧대가 낮다.

1959년의 프랑스 과학자들의 조사를 통해 보통 사람의 세포의 염색체는 46개인데, 다운증후군에서는 47개라는 것이 발견되었다. 즉 다른 염색체 일부가 끊어지거나 해서 한 개가 더 많아진 것을 알았다. 또 선천성 심장질환이나 백혈병을 수반하기 쉽다는 것도 판명되었다.

이 다운증후군 환자에게 아미노산의 하나인 트립토판에 산소를 결합시킨 옥시트립토판을 사용하면 호전된다는 예증이 보고되었다. 그러나 이것은 사용방법이 어렵다. 디메틸 트립토판은 조현병에 효과가 있고 5 히드록시 트립토판은 조울병에 극적인 효과가 있다… 등 이런 보고가 잇달았다.

이윽고 알게 된 것은, 방향족의 아미노산은 모두 뇌의 중앙에 있는 시상하부(視床下部)가 담당하고 있는 정신작용의 대사에서, 지극히 중요한 역할을 한다는 것이다.

인간의 기본적인 욕구-식욕이나 성욕이 시상하부에 의해 지배되고 있다는 것을 발견한 것은 캘리포니아대학의 J. 올즈 박사이다.

이를테면, 공복 때 식욕을 일으키는 것은 위의 평활근(平滑筋)이 수축해서 이것이 위의 미주신경(迷走神經)으로부터 공복감을 중추에 전달하기 때문이라고 전부터 말해 왔다. 그런데 위의 수술을 경험한 사람은 위를 잘라낸 후에도 공복감이 없어지지 않는다.

올즈 박사 등은 쥐의 머리에 미소전극(微小電極)을 꽂아 넣고 실험을 진행하던 중, 시상하부를 전기로 자극하면 쥐가 먹이를 찾고, 다른 곳을 자극하면 식욕을 상실하는 것을 알아냈다.

그 이후 시상하부에는 섭취중추, 섭수(攝水)중추, 포만(飽滿)중추, 성욕중추 등 갖가지 욕구의 컨트롤 센터가 있다는 사고방법이 바야흐로 정설로 되어가고 있다.

미국의 웨이스 연구소의 L. 스틴 박사에 따르면 노르아드레날린성 전달물질을 지닌 신경세포가 욕구의 전달에 작용하고 있고, 세로토닌이라는 화학물질을 지닌 세포는 반대로 욕구의 제동기 구실을 하고 있는 것 같다. 조현병은 세로토닌의 증가로 인해 발생하는 병이라고 한다.

그런데 스웨덴의 카로린스카 연구소의 K. 훅세 박사에 따르면 세로토닌이나 도파도 욕구전달물질로서 작용하고 있는 것이며, 노르아드레날린만의 작용은 아니라고 반론을 제기하고 있다.

요컨대 화학물질과 시상하부 자극효과의 관계는 아직 분명하지 못한 데가 있다.

얘기가 약간 빗나갔지만, 문제의 시상하부는 대뇌피질 밑의 뇌간(腦幹)에 위치하며 시상하부 밑에 뇌하수체가 있다.

**그림 6-3 |** 인간의 욕구를 다루는 시상하부

한 인간이 일생을 통해 체내에서 분비하는 각종 호르몬은 다 합쳐도 스푼 하나만큼도 안 된다. 그 정도의 미량인데도 인간을 활동하게 하고 있다. 체내의 갖가지 기관이나 조직이 전신을 통일적으로 조화시켜, 저마다의 기능을 영위하고 있다. 그것은 오케스트라의 지휘자에 해당하는 시상하부와 콘서트마스터의 뇌하수체 덕분이라고 한다.

일찍이 각종 호르몬에 관해서 그것을 생산하는 기관인 부신(副腎)이나 갑상선(甲狀腺), 각 생식선 등 분비장소의 기관이 호르몬의 대사에서 주체라고 생각되어 왔다. 지금도 아직 약간의 의문이 남아 있기는 하나, 시상하부에는 각 호르몬을 방출하라고 담당 장기에 명령하는 물질, 즉 방출인자(放出因子)가 존재한다고 한다.

이를테면 갑상선 자극 호르몬 방출인자(TRF)나 황체(黃體)호르몬 방출인자(LRF, LH-RH)가 방출인자이다. 이 방출 명령을 전달하는 물질, 방출인자는 몇 개의 아미노산으로 이루어진 펩티드이다.

여성의 생리를 지배하는 황체호르몬의 방출은 불과 10개의 아미노산으로써 이루어진 펩티드에 의해 컨트롤되고 있다. 그 양은 「나노그램」(10억분의 1g=ng)이라는 믿을 수 없을 만큼의 미량이다.

각국에서 실용되고 있는 필(경구 피임약, pill)은 황체호르몬으로 만들어지는 것이다. 일본 등 나라에 따라서 필의 사용이 여전히 허가되지 않는 이유는 이 호르몬이 생식선에 직접 작용해서 임신과 비슷한 상태로 만들어 배란을 억제하는 한편, 과잉 사용하면 피드백 효과로 부작용이 위험하기 때문이다. 오랫동안 계속해서 사용하면 대사기능이 변화하고 혈전증(血栓

症)에 걸리기 쉬우며 유암(乳癌)의 우려도 있다.

펩티드라면 근원인 뇌로부터의 명령을 변경하는 작용이며, 또 내분비 기관의 능력 범위 내에서 작용하기 때문에, 피임약으로는 안전하다. 그러나 현재는 아직 가축 이외에는 사용되지 않고 있다.

## 인간의 감정을 화학물질로써 조종

도파의 연구로 유명한 뉴욕시의 노르위테사의 연구소에서 안드로겐 호르몬의 일종에 대한 임상효과를 조사하던 중 의외의 사실을 발견했다. 산더미처럼 쌓인 실험에 사용한 수컷 쥐 떼 밑에 암쥐가 깔려 있었다.

조사해 보니 이 미량의 나노그램 단위를 쥐에게 투여한 결과 맹렬한 발정효과가 나타난 것이다. 노인에게도 같은 실험을 했더니 역시 마찬가지 결과가 나왔다고 한다.

물론 다음 절에서 말하게 될 프로스타글란딘이나 많은 피임약도 그것의 생리적 효과에 대해서는 신중하지 않으면 안 된다. 일반적으로 많은 나이에 출산한 아이에게 이상아의 출산율이 높다. 젊은 사람이라도 1주일 이상을 연명한 정자나 난자에는 그 자체에도 노화(老化)가 있다고 한다. 노화난자가 수정하면 이상 출산의 비율이 늘어난다.

함부로 피임약을 사용하면 복용 후에 배란되는 난자는 이미 노화해서 비정상적이 된 상태의 난자가 되어 나타날 가능성도 있다.

그런데 소련(현 러시아) 과학 아카데미의 약물학연구소의 와실리 자크소프 소장에 따르면, 희로애락의 인간 감정을 화학물질로써 컨트롤하는 연구가 소련에서 대대적으로 진행되고 있다고 한다. 1972년 7월에 샌프란시스코에서 열린 제5회 국제 약물학 희의에서 발표한 자크소프 소장의 말에 따르면, 미세한 주삿바늘을 인간의 뇌에 심고 바늘을 통해 미량의 화학물질을 주입해서, 감정을 자극하거나 억제하는 실험을 진행한 결과, 어느 정도 성공을 거두었다고 한다.

그렇다면 화학물질로 인간의 감정을 마음대로 조종하는 사회란 과연 어떤 세상일까?

# 3. 회춘약

## 항생물질 이래의 대발견

스테로이드 호르몬이나 항생물질 이래의 대발견이라고 떠들어대고 있는 프로스타글란딘.

1930년대의 일이다. 스톡홀름대학의 폰 오일러라는 노벨상 수상학자가 인간이나 원숭이, 염소 등의 정액에는 자궁(子宮)을 강력하게 수축 또는 이완시키는 작용이 있다는 것을 발견했다. 그는 그 물질을 전립선(前立腺)으로부터 대량으로 추출했다.

이것을 전립선(프로스레트 그라운드)에 연유해서 프로스타글란딘이라고 명명했다. 또 이 물질은 전립선뿐 아니라 자궁이나 가슴, 허파, 신장 또는 임신부의 혈액 속 등, 인체의 각 장기나 체액에도 미량이지만 널리 분포돼 있는 것을 발견했다.

그 양은 각 조직 1g당 100만분의 1g 정도이고, 지극히 불안정하며 금방 대사되어 다른 물질로 바뀐다. 그렇기 때문에 최근까지 그것의 측정이나 추출이 지연되어 왔다. 프로스타글란딘의 존재는 이미 알려져 있었지만 연구는 오랫동안 손을 대지 못하고 있었다.

1960년, 스웨덴의 카로린스카 연구소의 벨그슈트램 박사는, 염소의

**그림 6-4 |** 프로스타글란딘은 회춘제도 된다?

정액으로부터 프로스타글란딘의 순수결정을 추출하고, 1962년에는 그것의 화학구조를 결정했다. 그것은 호르몬과는 달리 특이한 구조를 가진 불포화 지방산으로서 더구나 단일물질이 아니었다. 탄소원자 20개를 기본구조로 해서 여러 가지 원자가 결합한 유연물질(類緣物質)의 집합이었다.

여태까지 알려진 바로는 프로스타글란딘에는 네 계통이 있고 천연으로는 14종류가 있다. 그중에서도 PGE$_1$과 E$_2$PGF$_2$ $\alpha$라고 부르는 두 종류가 널리 분포해 있고, 1968년에 하버드대학의 콜린 박사가 그것의 합성에 성공했다. 업존즈사에서 공업생산에 성공했으며, 일본에서는 O사가 같은 방법으로 공업화했다. Y사에서는 다른 방법으로 합성하는 데 성공했다.

공업생산이 가능해지자 연구자도 프로스타글란딘을 쉽게 손에 넣을 수 있게 되었다. 따라서 아미노산 연구가 일본에서 진보된 것처럼, 꺾지 못할 벼랑 위의 꽃처럼만 보아오던 프로스타글란딘의 생리학, 약리학적 연구도 최근에는 급격히 발전되고 있다. 거기까지 연구자를 매혹하게 된 데는 이유가 있다.

자궁근(子宮筋)이나 위장의 근육, 기관지 근육 등을 평활근이라고 한다. 프로스타글란딘의 주된 효과는 이 평활근을 수축 또는 이완시키는 작용에 있다. 또 혈압을 상승 또는 강화시키는 작용, 효소나 호르몬의 억제, 혹은 강화작용도 있다. 쉽게 말하면 노인에게 정력감퇴의 방지나 회춘(回春) 효과를 기대하게 된다.

1966년에 우간다의 대학교수 카림 스케레레는 프로스타 그란딘 $PGF_2\alpha$로 임신부에게 진통을 유발하는 데 성공했다.

그 이후 프로스타글란딘을 산부인과에서 사용하는 연구가 갑자기 활발해졌다. 진통을 유발해 분만을 촉진한다. 사용방법에 따라서 피임효과도 높아진다.

임신중독이나 불임증에도 효과가 있다. 순환기 계통에서는 노인병인 고혈압이나, 심장의 강심작용에 또 혈압강하나 혈전 방지 등에 두드러진 효과가 있다. 또 소화성 위궤양의 치료와 중추신경 면에서는 호르몬의 분비에도 중요한 역할을 한다.

당연히 새로운 피임약으로서의 실용화가 기대된다. 한 달에 한 번 복용하는 것만으로 확실하게 피임할 수 있다는 임증예(臨症例)가 발표되기도 했다. 이것만으로도 성 문제가 앞으로 어떻게 변혁될 것인지? 수술에 의하지 않고 자연으로 안전한 인공중절도 가능하다. 니혼(日本)대학 부속병원에서는 불임증인 부부 30쌍에게 시험해서 7쌍이 임신에 성공했다고 한다.

세계의 인구 폭발을 경계하고 있는 국련 세계보건기구(WHO)에서는 「프로스타글란딘 가족계획 회의」를 개최했다. WHO의 계획에서는 벨그슈트레임 박사를 중심으로 프로스타글란딘의 실용화를 촉진하고 있다. WHO의 의뢰로 일본의 O사는 $PGF_2\,\alpha$를 벨그슈트레임 박사에게 제공했다.

그러나 실용화까지에는 몇 가지 문제를 해결하지 않으면 안 된다. 프로스타글란딘은 평활근에 작용한다. 자궁에 사용했을 경우 같은 평활근인 심장이나 기관지에는 부작용이 없을까? 같은 프로스타글란딘 무리라도 유연물(類緣物)에 따라서는 활성이 매우 다르다. 그것들이 생체 내에서는 서로 팽팽하게 맞서서 작용하고 있는 것이다. 각각의 장기에 따라서 프로스타글란딘에 대한 반응도 전혀 다르다. 그 생리작용의 기구는 놀랄만큼 복잡하다.

이를테면, 몸에는 프로스타글란딘 외에도 아미노산 8개로 이루어진 폴리펩티드인 옥시토신이나 펩티드의 바소프레신이라는 혈압제어물질도 존재한다. 이것과 생리적 작용이 비슷한 프로스타글란딘이 함부로 끼어들었을 때 전체의 조화가 어떻게 될 것인지? 이런 이유로 산부인과 영역은 별도로 하면 프로스타글란딘은 아직 기초연구의 범위를 벗어나지 못하고 있다.

# 4. 다채로운 약

## 궤양, 알코올중독을 방지한다

수액(輸液)이라는 영양물질로서의 아미노산, 파킨슨병의 치료약이라는 대사물질로서의 아미노산…… 당연한 일이지만, 아미노산 중에는 특수한 생리작용을 지닌 것이 있다. 그런 면에서 아미노산 관련 물질은 다양한 의약으로서의 용도가 개척되고 있다.

위의 점막(粘膜)은 어떤 종류의 당류와 결합한 특수한 단백질이다. 이 당단백질이 체내에서 만들어질 때 글루타민산이 아닌 글루타민을 빼놓을 수 없다. 그래서 위궤양으로 헐은 위벽을 회복시킬 때는 글루타민을 주면 잘 듣는다(이를테면, 상품명에 '판시론 G'의 G는 글루타민을 뜻한다). 히스티딘도 위궤양에 잘 듣는다. 히스티딘은 위가 신경으로 자극되어 궤양을 일으키면 그 자극으로부터 위를 보호하는 작용이 있다고 한다.

간장은 가장 핵심적인 장기로서, 그 중요한 일의 하나는 요소(尿素)회로이다. 체내 대사에 의해 불필요해진 아미노산이 분해되어서 생성된 암모니아에는 강한 독성이 있으므로 혈액으로 간장에까지 운반된다.

여기서 아르기닌이나 오르니틴, 아스파라긴산 등의 아미노산이 암모니아의 해독을 위해 컨베이어벨트의 역할을 하고, 또 각종 효소가 반응

담당자의 역할을 수행해서 간장 내의 복잡한 공정을 거쳐 해독된다. 암모니아는 이 요소회로라고 하는 시스템으로 탄산가스와 반응해서 요소가 된다.

만약, 이 시스템이 어떤 원인으로 고장을 일으키면 혈액 속에 암모니아가 축적되고 간성혼수(肝性昏睡)라는 위독상태에 빠진다. 그때 아르기닌이나 아스파라긴산 등을 주사하면 위기를 벗어날 수도 있다. 포도주나 맥주 등 평소에 술을 즐기는 유럽 여러 나라에서는 알코올중독 방지에 아르기닌이나 아스파라긴산의 제제가 흔히 쓰인다.


## 빈혈증, 화장품 등에 다양한 용도

이 밖에도 단백질 성분은 아니지만, 일종의 아미노산인 엡실론 아미노카프로산은 혈액의 응고를 유지하는 작용이 있기 때문에 안전한 지혈제로서 쓰이고 있다. 위산과다에는 글리신, 위산 부족에는 글루타민산 염산염, 가래를 배출하기 쉽게 하는 거담제(祛痰劑)로는 아세틸시스테인, 빈혈에는 히스티딘 등등 아미노산의 생리작용을 이용한 여러 가지 의약품이 이미 실용화되어 있다.

화장품 분야에서는 피로글루타민산이 각광을 받기 시작했다. 피부에 원래 적당한 습기가 있는 이유는 인체가 체내의 글루타민으로부터 탈수해서 고리 모양의 화학물질인 피로글루타민을 만들고 있기 때문이다. 이것이 습기의 보호 효과를 가졌다는 데서 새로운 습윤제(濕潤劑, PGA 소다)가 개발되었다.

살균소독용 비누도 독성이 문제가 된 재래품 대신 마시르글루타민산
으로 만든 비누가 실용화되기 시작했다.

# 5. 기억물질을 이식한다

## 쥐의 기억을 이식

인간뿐 아니라 동물은 뻔뻔하다. 지금은 근육 노동의 대부분이 기계력으로 대치되었다. 틀에 박힌 두뇌 노동도 컴퓨터 등으로 대체되어 가고 있다. 곁들여 영어를 잘하는 사람의 머릿속에 든 기억물질을 고스란히 얻어와 영어를 손쉽게 습득하는 편리한 방법은 없을까?

1960년 스웨덴의 H. 히덴 박사는 학습을 받은 쥐의 뇌신경세포 속에 학습한 결과로 특수한 RNA(리보핵산)가 증가하고 있다는 사실을 규명했다. 또 그 RNA를 다른 쥐에 주사하면 같은 학습을 할 때 그 쥐만은 쉽게 기억했다-즉 학습 내용이라는 소프트웨어가 RNA라는 하드웨어에 의해 이식되었다고 발표했다.

이것은 전 세계 연구자에게 센세이션을 불러일으켰다. 그 이후 기억물질의 존재를 둘러싸고 수많은 보고가 잇달았다.

미시간대학의 J. 막코넬, 베일러 의과대학의 조지·앙거 박사 등은 RNA의 추출, 이식실험의 결과를 연달아 발표하고 있다. 캐나다에서는 "황홀한 인간"이라 불리는 노인의 기억감퇴에 대한 치료가 RNA에 의해 성공했다는 증상 예가 발표되었다.

1970년, 마찬가지로 앙거 박사 등은 쥐의 뇌로부터 어두움을 두려워하는 공포물질의 기억물질을 추출하고 정제했다. 그리고 이 물질의 합성에도 성공해서 스코토포빈이라고 명명했다. 그것은 분자량이 작은 폴리펩티드 즉 아미노산이 결합한 물질의 일종이었다고 한다.

덴마크의 코펜하겐대학의 E. 퓌엘딩스타드 박사는 히덴 박사와 비슷한 쥐 실험을 추진했다. 앞발로 막대를 누르면, 거기서 먹이가 나오는 장치이다. 누르지 않으면 먹이를 얻어먹을 수 없다. 쥐에게 그것을 학습시켰다. 학습이 끝난 쥐의 뇌로부터 RNA를 추출해서 다른 쥐의 배에 주사를 놓았다. 그러자 주사를 맞지 않은 쥐(대조군)에 비해, 주사를 맞은 쥐의 무리는 분명히 빨리 막대를 누르는 것을 기억했다.

다음에는 막대를 두 개를 놓고, 오른쪽 막대를 누르는 쥐와 왼쪽 막대를 누르는 쥐로 각각 훈련해서 키웠다. 그러고 나서 양쪽 쥐의 뇌로부터 RNA를 추출해서 다른 쥐의 무리에게 주사했다. 그러자 오른쪽 막대를 누르는 기억이 담긴 RNA를 주사 맞은 쥐는 역시 오른쪽을 누른다. 왼쪽 기억이 주사된 쥐는 왼쪽 막대를 누른다. 지극히 특이적으로 이 반응이 관찰되었다고 한다.

또 퓌엘딩스타트 박사는 문제의 RNA를 상세히 조사해 보았다. 그랬더니 기억물질의 정체는 그 RNA에는 없었다. RNA와 함께 추출되어 버렸기 때문에 혼동했던 것인데, 그것은 분자량 5,000개 정도의 폴리펩티드였다고 한다.

한편, 앙거 박사 팀은 벨소리에 익숙해진 쥐로부터 뇌를 꺼내 벨소리를 들은 적이 없는 쥐의 뇌에다 주입했다. 쥐는 벨소리에 익숙해지면 소리에는 전혀 반응하지 않게 되는데, 주입된 쥐는 처음부터 벨소리를 무시하고 있었다.

2년 동안 6,000마리의 쥐로 이 실험을 한 다음 박사는 뇌로부터 기억물질인 듯한 물질을 추출했다. 그것은 아미노산 8개가 사슬 모양으로 연결된 펩티드로서 아미노산의 종류는 알라닌, 글루타민산, 글리신, 라이신, 세린, 티로신의 여섯 종류로 구성돼 있었다. 모든 기억은 이런 아미노산의 조합으로 형성돼 있는 것 같다.


## 기억의 축적과 아미노산의 역할

이런 종류의 실험, 더군다나 기억물질의 이식실험에 대해서는 부정적인 보고도 많다.

반론 중 하나는, 기억물질은 학습의 결과로 직접 생성된 것이 아니고, 학습의 부산물이 아니냐는 것이다. 일종의 스트레스설이다.

또 이런 종류의 실험은 같은 학파, 같은 교실의 연구자만이 그것의 추시(追試)에 성공하고 있다고도 한다. 따라서 문제의 하나로 객관성이 제기되고 있다. 게다가 인간이나 동물의 뇌에는 이른바 혈액 뇌관문이 신경세포 속에 있어서, 이 관문에서 뇌에는 함부로 아무 물질이나 들어가지 못할 것이라고 한다. 이를테면, 포도당 분자와 같은 것은 들어가더라도 아미노산이나 무기물은 들어가기 어렵다.

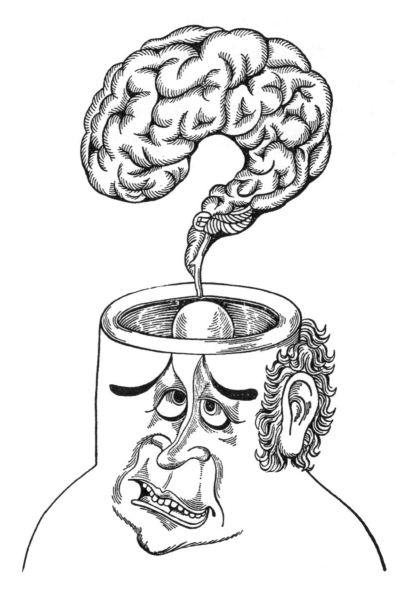

**그림 6-5 |** 기억물질은 이식될 수 있을까?

그렇다면 RNA나 폴리펩티드에 의한 기억물질이 뇌에 정말로 들어가 있는 것일까? 그것을 확인도 하지 않고 결론을 끌어낸다는 것은 이상하다.

그런 비판을 뒷전으로 한쪽에서는 학습효과를 올리기 위한 물질의 연구가 활발하다. 네덜란드의 루돌프·마그너스 연구소의 D. 드위드 박사팀은 쥐의 뇌하수체로부터 분리한 펩티드가 학습에 아주 효과가 있다는 것을 발견했다. 이 펩티드는 뇌하수체 호르몬인 ACTH(부신피질 자극호르몬)나 MSH(멜라닌세포 자극호르몬)의 구성분자의 하나로 7개의 아미노산으로 이루어져 있다.

겨우 확실해진 것은, 학습이나 기억에는 뇌 속의 아미노산 종류가 극히 중요한 관계를 가졌다는 것이다. 기억의 축적이란 단일물질에 의하기보다는 다수의 물질이 관련된 현상일지도 모른다.

기억의 이식이 가능한지 어떤지? 현상은 장님이 코끼리를 더듬는 것과 같지만, 뇌의 작용에 메스가 가해져서 학습이나 교육에 큰 변혁이 일어난다면, 인간사회 그 자체가 송두리째 변혁될 것은 뻔한 일이다.

# 6. 아미노산계 감미료

## 무엇이든지 핥아보자

시클로의 발매가 중지되고 사카린도 금지된다면, 일본이나 그 밖의 많은 나라에서 허가되고 있는 감미료는 설탕, 포도당, 솔비톨, 키시로즈, 글리실리틴 등이 남는다.

포도당이나 설탕은 함수탄소이기 때문에 비만증의 억제나 당뇨병 환자에게는 적합하지 못하다. 솔비톨과 키시로즈는 식물 속에서 발견되어 미국 식품·의약품국(FDA)에서도 만성 독성이 없다는 것을 인정했다. 그러나 그 단맛은 0.02%의 농도를 초과하면 도리어 쓴맛을 낸다.

또 하나의 글리실리틴은 약초인 감초 뿌리의 성분으로서 설탕의 100배나 되는 단맛을 가졌다. 어느 것이든 모두 코스트와 수율량 등에 난점이 있다.

그래서 칼로리는 적고 열에는 강하며 더구나 사카린이나 둘루틴 등, 이른바 인공감미료 특유의 넓은 맛이나 짙은 맛이 없는 새로운 감미료가 당뇨병 환자 등 특수한 용도를 위해서도 꼭 있었으면 싶다.

여기서 각광을 받기 시작한 것이 아미노산 감미료이다. 각 아미노산에는 글루타민산 외 갖가지 독특한 맛이 있다. 또 아미노산끼리가 탈수결합을 해서 이루어진 펩티드에는 신맛, 쓴맛, 떫은맛 등이 있어서 수프, 술, 간장 등에 짙은 맛을 더하는 작용이 있다.

또 단맛이 나는 펩티드가 우연히 발견되었다.

미국의 제약회사 사르사는 경구 피임약 이외에도 의약품, 의료기기를 제작하는 회사이다. 이 회사의 기구인 연구소에서 위액 분비호르몬인 가스트린을 합성하는 연구를 진행하고 있었다. 그러는 도중에 고분자 호르몬을 구성하는 일부에 단맛이 강한 펩티드가 있다는 것을 연구자가 우연히 발견했다.

더구나 이 물질은 각별하게 진귀한 것도 아니어서, 일본의 연구소에서도 많은 시료(試料)의 하나로서 두루 알려져 있었던 물질이었다. 다만 일본에서는 연구자들이 이것을 핥아본 사람이 하나도 없었을 뿐이다.

감미성을 발견하고 기뻐한 사르사의 연구자가 더욱 조사를 진행해서 알아낸 것은, 아미노산의 일종인 아스파라긴산과 페닐알라닌의 에틸에스테르와 또 하나 아스파라긴산과 티로신의 메틸 또는 에틸의 두 에스테르는 모두 다 달다는 것이다. 이 단맛은 설탕과 비교해서 아스파라길 페닐알라닌 메틸에스테르의 경우가 150배 내지 200배, 아스파라길 티로신의 메틸에스테르에서는 75배, 아스파라길 티로신의 에틸에스테르는 50배, 시클로는 30배, 사카린은 500배로 판명되었다.

당연히 최고의 단맛인 아스파라길 페닐알라닌 메틸에스테르(APM)에 점이 찍혔다. 물에 녹기 쉽고 보기에도 좋은 하얀 가루이다. 그 맛은 설탕에 가깝고 산뜻하며 대개의 음식물에 어울리기 쉽다. 구조는 아스파라긴

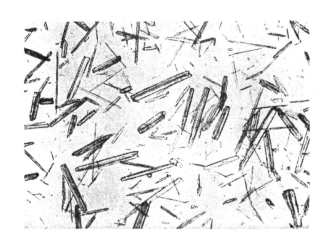

**그림 6-6 |** 최고의 감미제 APM. 독성도 시클로보다 적다고 생각하고 있다

산과 페닐알라닌의 두 종류의 아미노산이 결합한 디펩티드이다. 칼로리
는 낮다.

사르사는 곧 세계 각국에 APM의 특허를 신청했다. 1970년 8월의 일
이다. 한 가지 결점은 사용하고 나서 시간이 지날수록 감미도가 떨어진다
는 염려였다. 단맛의 안전성을 높이기 위해서는 더욱 개량하지 않으면 안
된다. 그러나 독성은 시클로나 사카린과는 달라서 우선 낙관적이다. 미국
에서는 시클로 선풍도 있고 해서 음료에 인공감미료를 쓰는 것이 경원시
되고 있다. 거기에다 비만 방지를 위해 설탕을 사용하지 않는 경향이 높
아지고 있다.

사르사는 머지않아 FDA의 허가를 얻어 미국 국내에서 시험판매를 한
다음 1년 후에는 본격적으로 판매할 것이라고 한다. 일본에서는 A사가 사

르사와 공동개발을 추진하는데 맛으로 환산하면 그 가격은 설탕의 10분의 1 정도라고 한다.

## 기적의 과실

단맛에서 기묘한 현상이 발견되었다. 서아프리카가 원산지인 딸기의 일종에서였다. 그것의 당단백질을 핥아보면 그것만으로는 달지가 않다. 그러나 이 열매를 일단 입에 품었다가 뱉은 다음 입을 잘 헹구고 나서 다른 것을 먹으면 아주 달게 느껴진다.

가령, 신 것을 먹어도 달다. 이 이상한 과실에 대해서는 이미 1852년에 영국의 한 외과의사가 보고하고 있으나 이것에 대해 구리하라 도쿄대학 공대 교수는 이렇게 설명한다.

이 과실의 단백질에는 6~7%의 당을 포함하는 아라비노스와 키시로즈가 들어 있다는 것이 확인되었다. 이 당단백질이 혀에 있는 미각 수용기의 기능 자체를 바꾸는 것이 아닐까? 혀의 맛 세포막 표면에 그 한쪽 부분이 흡착하고 다른 부분이 맛 세포 속 단맛의 감미수용체와 결합하기 때문에 단맛의 감각을 바꾼다.

즉 「미각변혁 단백질」설이다. 그렇기는 하지만 그 구조의 전부가 해명된 것은 아니다.

# 7. 새로운 농약

## 자연분해로 영양이 되는 농약

농업생산의 향상에 큰 역할을 수행해 온 농약은 심각한 환경파괴를 가져왔다. 자연의 영위를 처음부터 무시한 결과이기도 하다. 더구나 일본에서는 그것이 더욱 심하다.

병해충의 방제(防除)방법도 앞으로 전혀 다른 관점에 서서 새로이 개발되지 않으면 안 된다. 독성이 극히 적고 대상 병해충에게만 효과가 있어, 자연을 생태학(生態學)적으로 파괴하지 않을 그런 농약의 기술체계가 꼭 필요하게 되었다.

바꿔 말하면 현재의 농약이 위험하다고 해서 농약이 없는 농업생산이란 이미 생각할 수도 없게 되었다. 새로운 농약이 새로운 방제기술 체계 가운데서, 어떤 역할을 차지할 것인지 그것은 아직 단정할 수 없다고 하더라도, 새로운 농약 개발은 급선무가 되고 있다.

일본 과학기술청의 테크놀로지 어세스먼트 종합검토회 농약분과회 보고(1972년 6월)에 따르면, 오염이나 중독의 걱정이 없는 새로운 농약의 연구·개발 중에서 가장 유망시되는 것은 아미노산 농약, 학명 「N-라우로일-L-발린」이다. 아미노산의 발린을 가공한 것으로서 A사와 이화학 연구소가 협력해서 1969년 이래 개발이 진행되고 있다.

전국 각지의 농업 시험장에서 그 효과의 확인을 위한 실험이 진행되었다. 그 결과 이 새 농약은 농도 2,000ppm(1,000분의 2)으로 희석해서 3, 4회 살포하면 시판 중인 농약을 두 번 살포한 것과 동등한 효과가 벼의 도열병(稻熱病)에서 확인되었다.

채소의 병해에 대해서도 같은 농도로 살포했더니 토마토 잎의 곰팡이, 전염병, 반점병, 오이의 노균병(露菌病)의 방제효과가 높다는 것을 알았다. 놀라운 것은 이 아미노산 농약의 몇 가지 특징이다. 우선 아미노산이기 때문에 무기화학물질과는 달리 살포된 뒤 토양 속 미생물 등에 의해 자연히 분리되어 버린다. DDT나 BHC처럼 잔류독성이나 환경오염의 염려가 전혀 없다.

물론 아미노산은 인체나 동식물 생물체의 구성 소재이기 때문에 급성 독성에 대한 걱정도 없다. 또 이 농약이 살포된 식품은 나중에 병해에 대한 저항성을 몸에 지닐 가능성도 있다. 이를테면 흑반병(黑斑病)에 걸리기 쉬운 사과 품종에 이것을 살포하면 이 병균의 내성물질(耐性物質)인 카로리진과 그 관련 물질이 사과잎에 생겨서 내성이 생긴다는 것을 인정했다.

또 작물의 품종개량이나 토양개량 따위의 바람직한 부차적 효과도 기대된다. 흙 속에서 이 농약이 분해되면 토양 속에 있는 미생물의 영양원이 변화하기 때문에 이를테면, 벼 이삭이 피기 시작할 시기의 벼에 이 약제를 살포하면 도열병을 방지하는 한편, 단백질의 함유량이 높은 맛있는 쌀을 얻을 가능성이 있다고 한다.

## 훌륭한 효능

N-라우로일-L-발린은 A사가 만든 약 120종류의 아미노산계 시료 중에서 이화학연구소의 온실에서 선택, 추출되었다.

온실 실험만은 아니었다. 야외 농장에서도 도열병에 대해서는 전국 9개소의 농업 시험장에서, 채소의 병해에 대해서는 4개소의 농업 시험장에서 각각 효과가 확인되었다. 이 새로운 농약의 생산은 석유로부터의 합성이 가능하다.

최대의 결점은 살포횟수가 약간 재래의 약제보다 많다는 것이다. 또 약효의 안정성도 실용화할 때쯤 더욱 높여둘 필요가 있다.

N-라우로일-L-발린 그 자체가 재래의 농약과 대체될 수 있게 될지 어떤지도 아직 의문이 남기는 하지만, 전혀 새로운 형의 더구나 환경문제의 불안이 없는 종류의 농약이 등장한 것은 벽에 부딪혔던 농약 개발에 서광을 던져 주었다.

현재 연구·개발 중인 새로운 농약에는 이외에도 천적(天敵)을 사용하는 생물농약이라든가 항생물질의 이용 등도 포함돼 있다.

테크놀로지·어세스먼트의 농업분과회에 따르면 생물농업의 문제점은 돌연변이를 하면 반대로 해로워질 위험이, 또 무제한으로 사용하면 잠재적인 위험성을 흩트려 놓을 불안 등이 있다고 한다. 거기에다 환경에 따라서는 생물농약 자체가 초기 효과의 범위에서 빠져나가 버리는 점일 것이다.

또 항생물질 농약에는 내성균이 만들어지기 쉽고 또, 인체에 침입했을 경우의 악영향도 걱정이다. 어쨌든 아미노산 농약만큼 실용화가 기대되는 것은 아직 발견되지 않았다.

# 8. 꿈의 섬유

## 합성섬유의 꿈은 폴리아미노산

머리털, 양모, 비단 등 동물성 섬유의 주성분은 단백질이며, 단백질은 고분자 중에서도 특별히 거대하다. 분자량이 수천 내지 수백만에 달하는 것도 있다.

이를테면, 혈청(血淸)의 알부민이라는 인체의 혈액단백질 분자는, 18종류의 아미노산이 526개로 이루어져 있고 그 분자량은 약 69,000개이다. 이 고분자의 성질은 그 구조 즉 이것을 구성하는 아미노산의 배열 여하에 따라서 결정된다.

사람의 언어는 이를테면 영어의 경우, 단지 26개의 글자 알파벳에 의해 복잡하고 다양한 영어가 만들어진다.

그것을 생각하면 언젠가 장래에는 천연단백질의 인공생산이 가능하리라고 하더라도 현재의 단백질화학은 참으로 유치하다. 동물단백질의 아미노산의 긴 사슬을 만드는 것도 화학자에게는 아직도 꿈에 지나지 않는다.

그러나 단일종류의 아미노산을 긴 사슬로 결합시켜, 이것을 짜서 비단과 거의 다름없는 섬유를 현실적으로 시험 제작하고 있다. 한편, 천연섬유가 지니는 촉감, 쾌적성, 흡습성에 대해 그 독특한 구조를 조사하고, 이런 장점이 결여된 합성섬유의 문제점이 어디에 있는 것인지를 연구자는 연구하고 있다.

아직 천연섬유 또는 생체조직이 같은 것을 만들어 내기까지에는 아직도 상당히 먼 거리에 있다. 잘 되면 금세기 말에는 그것이 가능하리라고 믿고 있는 화학자도 있다. 어떤 합성섬유나 합성조직을 만들든 그 출발점이 폴리아미노산일 것에는 의심의 여지가 없다.

1947년, 노벨상 수상자인 우드워드 박사는 아미노산을 공중합(共重合)시키면, 단백질 정도의 폴리 알파 아미노산이 만들어진다는 가능성에 대해서 발표했다.

**그림 6-7 |** 「꿈의 섬유」 아미노산 섬유

그 무렵에는 비단의 대용품인 나일론이 전 세계에서 아주 호평을 받고 있었다. 일본에서는 종전 직후의 허탈한 세태 속에서 미군이 가져온 투명한 나일론제 블라우스나 양말을 보고, 너절하고 투박한 통바지 작업복을 입고 있던 부인들이 한숨짓고 있을 때였다.

우드워드의 설에 재빨리 달려든 것이 듀폰 회사였다. 영국의 코톨드 회사도 독자적인 연구를 시작했다. 아미노산의 일종인 로이신과 페닐알라닌을 공중합시켜 섬유나 도료, 이른바 레더와 천, 종이의 표면가공 등에 사용하려는 목적이었다.

이윽고, 연구 대상이 정해졌다. 섬유로서 본격적으로 연구된 것은 아미노산 가운데서도 글루타민산계와 알라닌계였다. 특히 글루타민산을 원료로 하는 폴리글루타민산 감마 메틸에스테르(PMG)의 공업화 연구에서는 각 회사가 불꽃 튀는 경쟁을 시작했다.

PMG의 제조는 먼저 글루타민산과 메틸알코올로부터 글루타민산 감마 메틴에스테르를 만든다. 이것을 독가스인 포스겐과 유기용매(有機溶媒) 속에서 반응시켜 글루타민산 감마 메틸에스테르 N 카르복시 무수물이라는 기다란 이름의 유도체를 만든다. 이 모노머를 클로로포름이나 염화에틸렌 따위의 염소화 탄수화물의 용매 속에서 아민류를 촉매로 해서 중합시켜 PMG 용액으로 만드는 것이다. 이 제조법은 코톨드사가 개발했다.

듀폰사는 1958년경까지는 폴리알라닌의 합성에 열중하고 있었다. 그러나 원료인 알라닌은 D형 또는 L형 중의 어느 것이 아니면 안 된다. D와 L이 혼합한 라세미체에서는 섬유가 되지 않는다. 광학분할(光學分割)의 기술을 갖지 못했던 듀폰사로서는 손을 들 수밖에 없었다.

코톨드사는 우선 1949년에 특허를 신청하고 이후 연구는 1950년대 전 기간에 걸쳐 계속되었다. PMG의 섬유화에 성공한 코톨드사는 일본의 A사에 대해 섬유의 원료로서의 글루타민산의 공급을 신청해 왔다. 놀란 A사의 사장이 영국을 방문하자 선명하게 염색된 PMG로 만든 옷을 걸친 아가씨들이 접대에 나서서 여기서도 또 놀랐다고 한다.

그러나 섬유원료로 사용하는 데는 당시의 글루타민산은 아직 값이 비쌌다. 코톨드사의 개발에 자극받아 A사에서는 T합섬회사와 공동연구를 추진해 보았다. 1962년의 일이다.

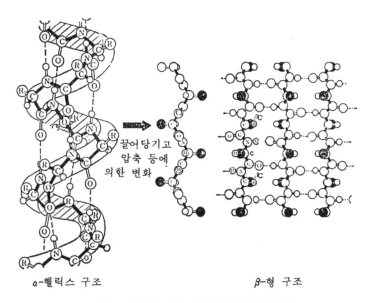

끌어 당기고
압축 등에
의한 변화

α-헬릭스 구조                    β-형 구조

**그림 6-8 |** 알파 아미노산과 폴리 알파 아미노산

그러나 당시의 일본에서는 나일론이나 테트론에 관심이 쏠려 있어서 PMG보다는 비단 같은 감촉의 레트론 개발에 기술자가 더 열중하고 있었다. A사로서도 글루타민산의 합성생산이 막 시작된 때였다. 글루타민산 합섬공장의 완전 가동은 그 이듬해에 이르러서였다.

## 비단 스치는 소리를 내는 합섬

그렇기는 하나 PMG는 멋진 섬유였다.

상송 중 비단이 스치는 소리를 곡목으로 딴 명곡이 있다. 비단은 마찰하면 특유의 고귀한 소리 이른바 「비단 스치는 소리」가 난다. PMG에도 꼭 같은 소리가 난다. 직물에는 이른바 「감촉」이 있다는 것은 섬유의 표면이 비단에 가깝다는 것이 아닐는지?

더구나 하얀 천의 천연산 비단은 해가 갈수록 누르스름하게 바래지는데 PMG에는 이런 변화가 없다(내광성). 열에 대해서도 조건에 따라서는 오히려 강도가 증가할 정도이다. 나일론처럼 담뱃불로 구멍이 뚫리거나 하지 않는다. 나일론과 달라서 이것은 단백질의 일종이기 때문일 것이다(내열성).

흡습성, 흡수 속도도 천연섬유에 가깝기 때문에 감촉이 좋고 쾌적하다. 다만 큰 약점 중 하나는 정전기에 약하다. 즉 때가 타기 쉽다. 20℃의 온도 아래서 섬유가 함유하는 수분은 무명이나 비단에서는 8~10%, 나일론에서는 4~5%라면 PMG는 2~3%이다. 섬유가 함유하는 수분이 적으면 그만큼 정전 효과가 커진다.

둘째로는 원가가 비싸다. 나일론은 1분에 1,000m나 되는 속도로 실을 자를 수 있다. PMG에서는 100m 정도이다. 이것은 일단 용액에 녹인 다음 섬유화한다는 습식방사선(濕式紡絲法)을 채용했기 때문이기도 하다.

세 번째는 염색도 나일론에 미치지 못한다.

이런 결점을 개량하려면 글루타민산의 순종품으로써 섬유화할 것이 아니라 다른 아미노산과 공중합을 시켜서 섬유를 합성하는 새로운 기술이 필요하다. 내열, 내광, 내약품, 흡·방습, 멋진 광택 등 비단을 능가할 정도의 장점을 갖춘 PMG이다. 그런데도 아직 실용화가 요원한 것은 그 방사 공정상의 애로(隘路), PMG 섬유의 제조법 및 원료문제에 있다고 하겠다.

듀폰사의 폴리알라닌은 PMG보다도 더 비단에 가까운 감촉이었다.

거기에는 이유가 있다. 히말라야나 중국의 야생누에로써 만들어진 비단을 터서(Tussah)라고 부른다. 이른바 비단보다도 튼튼하며 이것으로 짠 옷이라면 할아버지 대에서 손자 대까지 3대에 걸쳐 입을 수 있다고 한다. 일본의 나가노현의 천잠(天蠶)은 뽕나무잎이 아니고 상수리나무나 졸참나무가 그 먹이이며 마찬가지로 튼튼한 비단을 만든다.

이런 비단의 섬유는 알라닌 분자의 연쇄이다. 그래서 글루타민산이 아니고 알라닌을 결합해서 이것을 백금 노즐로부터 뿜어낸다. 이렇게 해서 듀폰사가 만든 폴리알라닌 섬유는 정말로 멋진 광택을 지녔다. 그러나 너무 비쌌다. 결국 듀폰사도 시험제작을 중단하고 말았다.

한편 코톨드사는 나중에 영국 최대의 화학회사인 ICI사와 합병했다.

그때 적자였던 PMG 연구팀이 해체되고 말았다. 현재 PMG와 폴리알라닌 섬유의 개발을 추진하고 있는 연구기관은 세계에서도 일본뿐인 것 같다.

# 9. 천연피혁을 추격하라

## 멋진 색조의 합성피혁

PMG를 레더 등에 발라서 그 표면에 씌우면 천연피혁 같은 감촉이 된다. 고무보다도 가죽 같은 느낌이 나는 것은 PMG의 규칙적인 구조 때문이다.

그것의 내열성, 강도, 투습성(透濕性), 소수성(疏水性) 등등의 장점이 인정되어 의자나 지갑, 주머니 등 커버 표면처리에 PMG가 서서히 사용되고 있다.

그렇지만 널리 사용되기까지에는 이르지 못하고 있다. 오히려 폴리우레탄이나 폴리부타나이트 등과 혼합해서 합성피혁으로의 진출이 기대되고 있다.

이 PMG피혁의 특징은 그 멋진 염색성에 있다. 여태까지 합성피혁에서는 감탄할 만큼 화려하고 선명한 색깔을 낸 예가 없었다. 그 때문에 플라스틱으로 만든 지갑이나 주머니류는 합성품 특유의 거무칙칙한 색조가 되고 만다. 얼핏 보아서 「이건 합성품이군」 하는 사회 통념이 생겨나 버렸다. 그런 통념을 PMG피혁이 일변시켜 줄 것이다.

같은 PMG를 사용해서 한쪽 PMG섬유는 염색이 떨어지고 피혁에서는 반대로 뛰어나다. 왜 그럴까? 그것은 합성피혁이 염료로 염색되는 것이 아니고 유기안료(有機顔料)를 발색제(發色劑)로 해서 혼합할 수 있기 때문이다.

또 합성피혁의 경우는 소재가 순수한 PMG뿐만 아니라 폴리우레탄 등의 중합물(重合物)이다. 폴리우레탄 자체는 내열성이 약하고 발색도 선명하지 못하다. 그런데 PMG와 폴리우레탄이 한데 섞이면 선명한 발색이 된다. 그 이유는 아직 분명하지 않다. 다만 이런 사실로부터 거꾸로 PMG 섬유의 결정구조를 바꾸어 복잡한 구조로 만들면 섬유의 염색도 비약적으로 개량되리라는 것이다.

섬유나 피혁을 만들 경우에 그 원료인 글루타민산은 라세미체여서는 곤란하지만, 맛이 없는 D형이어도 조금도 상관없다.

현재 글루타민산을 조미료로 만들 때는 까다로운 방법으로 라세미체를 L형으로 바꾸어서 만들고 있다. D형 그대로 다른 제품화에 연결될 수 있다면 코스트도 그만큼 싸진다는 것은 잘 알고 있다. 하지만 오늘날처럼 다른 일반 합성피혁이나 합성섬유의 기존 상품들이 범람하고 있으면, 뉴페이스인 PMG에는 웬만큼 장점이 두드러지지 않는 한, 갑자기 광대한 시장으로 진출할 수 있는 전망이 서기 어려울 것 같다.

이 책을 쓸 즈음해서, 오사카대학 명예교수 아카보리 시로오에게 의견을 물어보았다. 아카보리 박사는 「아미노산의 결합상태에 관한 연구」로 일본 학사원(學士院)상을 받은 최고 권위자이다. 오사카대학에 단백질 연구소를 설립했고, 오사카대학 총장을 두 번이나 역임했으며, 이화학연구소의 이사장도 역임하고 문화훈장도 받았다. 현재는 재단법인 단백질 연구장려회 펩티드 연구소장으로 있다.

네 시간여에 걸친 시사(示唆)에 넘치는 대화를 요약하기는 무척 힘들지만 취지는 대충 다음과 같다.

일본의 아미노산에 대한 연구, 개발은 현재 세계 최고의 수준에 있어요-그 이유의 하나는 사사키 박사와 같은 기초학자를 배출했다는 것, 또 하나는 다른 나라가 견줄 수 없을 만큼 일본의 독자적인 아미노산 공업이 이룩된 데 있을 겁니다.

이케다 선생이 생각해낸 학설을 일본이 독자적으로 발전시켜 아미노산을 대규모로 만들어 냈다. 이런 공업은 외국에는 전혀 없으며 일본의 산업 중에서도 실로 독특한 것이에요.

그 배후에는 미각에 예민한 민족성과 명치(明治) 시대의 문명개화의 기운으로 해서 소량의 흰 가루가 효과적이라고 하는 유물면, 새로운 것에 대한 호기심이 있습니다.

섬나라라서 예부터 외국으로부터는 정보도 물건도 일본에는 그다지 들어오지 않았어요. 또 300년이나 쇄국(鎖國)이 계속되다 보면 더군다나 외국 것이란 매우 희귀하죠. 서구 여러 나라 사이에서는 대전 중에도 정보의 교환이 끊이지 않았기 때문에 새로운 것에 대해서도 자주적으로 판단하는 훈련을 겪고 있었습니다.

단백질의 연구는 아미노산으로부터 이어져 있으며 아미노산에 대한 정확한 지식을 갖지 않고서는 불가능하다는 신념이 우리에게 있었던 거예요. 숱한 종류의 효소가 단백질, 즉 폴리펩티드라는 것을 알게 된 것은 1930년대가 되고서의 일입니다. 그때까지는 효소의 작용, 대사의 촉매라는 효소의 정체가 무엇인지 그것조차도 몰랐어요.

그것을 처음으로 결정화한 것이 코넬대학의 삼너라는 의학자로서 그는 효소를 탄산가스와 암모니아로 분해하는 우레아제라는 효소를 작두콩으로부터 얻어냈어요. 그 당시 오줌이나 혈액 속의 요소를 정량(定量)화하는 것이 임상적으로도 필요했지요. 요소의 정량화에는 순 화학적인 방법에서는 단백질에서도 암모니아가 나오는 것이므로, 요소만을 정량하려면 요소만을 분해하는 효소를 사용해서 그 효소를 넣으면 요소가 탄산가스와 암모니아로 분해된다. 그것을 약한 알칼리로 증류해서 암모니아를 정량한다-는 것이 의사들의 요소 정량법이었어요.

삼녀는 신선한 작두콩의 가루를 묽은 아세톤으로 추출해서(그의 연구실에는 냉장고가 없었다니까 몹시 가난한 연구실이었던 모양이죠) 추운 계절이었기 때문에 그것을 창밖에다 두고 그냥 집으로 돌아갔어요.

이튿날 아침에 나와 보니 깨끗한 결정이 만들어져 있었어요. 조사해 보니까 매우 강한 효소작용이 있으므로 이것은 효소 자체의 결정이 틀림없다고 보고했습니다. 1926년의 일이지요.

그 무렵 유럽 학자들은 효소가 단백질이라고는 생각하지 않았어요. 그 결정은 일종의 단백질 결정에 우레아제가 흡착된 데 불과하다고 계속 부정했어요.

효소는 복잡하기 그지없는 신비적인 작용을 하기 때문에 단순히 단백질시 해서는 타당하지 않다는 선입견이 일반적으로 뿌리 깊이 박혀 있었던 겁니다.

효소가 모두 단백질이라는 것이 정설로 된 것은 1932~1933년경이고, 그것이 확립된 것은 1935년쯤입니다.

효소는 살아 있는 단백질이며 젤라틴 등은 죽어서 변질된 단백질이에요. 내가 늘 이상하게 생각하는 것은 이미 수백 종류나 되는 효소가 발견됐어요. 작용만 알아낸 효소만도 수천이나 되죠. 그것이 모두 단백질이에요. 왜 단백질 이외의 것으로 효소에 속하는 것이 없느냐는 것입니다.

핵산계의 것에는 효소가 없다. 지방계나 탄수화물에도 없다. 그것을 어떻게 생각하면 좋을까요?

자신은 없지만 성호르몬은 극히 한정된 범위에서 일종의 효소적인 작용을 하고 있어요.

그런데 발효에 관한 효소에서도 여러 가지 대사, 신진대사에 관여하는 효소는 모두 단백질이에요. 그와 같이 몹시 다양한 효소작용을 가지고 있는 것이 모두 단백질입니다.

왜 그렇게 되었느냐면 단백질은 구조상 또는 기능면에서 보더라도 매우 다양성이 풍부해요. 여러 가지 금속 이온과도 결합합니다. 저분자 물질과도 그러하죠.

그러므로, 어떤 작용이라도 찾아보면 단백질 속에서 나온다는 그런 생체 촉매 작용이 부여돼 있을 가능성이 제일 많아요. 결국 확률의 문제가 아닌가 하고 생각해요.

그래서 효소를 찾아가면 모두 단백질이 발견됩니다. 단백질에는 매우 다양한 기능을 기대할 수 있는 구조가 있어요.

아미노산은 20종류이지만 결합 방법에는 무수한 종류가 있어요. 어떤 촉매 작용이라도 특정 아미노산의 조합과 결합방식으로써 매우 다양한 수천, 수억의 종류를 생각할 수 있어요.

그렇기 때문에 그것은 효소가 단백질일 것이다,라는 설명이 될 것이라고 나는 생각하는데 이것은 과학의 문제라기보다는 논리적으로 생각해서 그렇다고 생각하는 거예요. 매우 풍부하고 다양한 기능은 단백질 이외에는 기대할 수 없을 것 같아요. 그것이 효소가 단백질인 기본적인 원리, 원칙이 아닌가 하고 생각해요.

진화의 역사를 거슬러 올라가면 처음에는 랜덤(random)하게 극히 저차원의 것이 통제를 받지 않고 생겨났습니다. 그러한 것이 원시 바닷속에서 여러 가지 모여들어 지방, 탄수화물, 비타민을 포함한 것이 만들어지고 자립적으로 자기 체제를 유지하는 능력과 자기와 꼭 같은 것을 만들어 나가는 능력-이 두 가지 능력을 가졌을 때 비로소 생물이 될 수 있었던 것이지요.

그런 확률은 매우 적어요. 바닷속에서 무수한 단백질을 가진 것 중에서 우연히 수백 종류의 여러 가지 것을 포함한 원시 생물이 되었습니다.

그것이 한 번 만들어진 다음에는 적당히 자기 자신을 만드는 효소계를 갖고 있기만 한다면 증식돼 나가죠. 다른 것이 파괴되더라도 그것만은 증식해 갑니다. 이후는 자외선이나 방사선으로 변이를 일으켜서 점점 분해해 왔지요.

그렇기 때문에 생물인 한, 자기와 같은 것을 만들어가는 성질을 갖지 않으면 안 되죠. 생물의 발생 이전에는 생체물질이 무수히 만들어진다는 것이 필요조건이었으며 그것은 현재의 연구에서도 거의 틀림없어요. 무생물의 세계에 이미 생물적 자질이 무생물적으로 만들어져 있었다는 것은 실험적으로 증명돼 있어요.

그런데 그런 것이 모여서 생물이 될 가능성은 매우 적어요. 바다는 넓고 처음의 원시 생물은 작았으므로 원시 생물은 매우 많이 만들어졌습니다. 그중에서 단 하나만이라도 족해요. 자기 증식을 할 수 있는 것이 만들어질 수 있는 기회는 지극히 드물었을 것이 확실하지만 그렇다고 해서 그것이 불가능했었다고는 말할 수 없어요. 홉킨스는 가장 가능성이 적고 더구나 가장 중대한 우주의 사건이라고 말했어요.

그것이 지구 위에서 일어났습니다. 지구와 같은 생물이 다른 천체에 발생할 가능성이 절대로 없다고는 말할 수 없으나 그것은 지극히 드물죠. 그런 만큼 생명은 소중한 것이에요.

더구나 그중에서도 인간은 수억 번이나 변이와 도태를 받아가면서 여기까지 다다른 생물이기 때문에 진화 과정만을 생각하더라도 원시 생물이 인간으로까지 진화한 것은 대단한 일입니다.

인간은 가장 행운으로 살아남은 생물입니다.

아카보리 박사의 얘기로도 알 수 있듯이 이 책은 아미노산을 중심으로 한 스토리일뿐 방대한 생명현상의 전모를 소개하기에는 도저히 미치지 못한다.

한편, 현재 일본은 과학 기술의 연구 개발에서 자주성, 독창성이 요구되고 다른 한편으로는 기술의 여러 제품을 이용하는 쪽에서 환경문제, 테크놀로지 어세스먼트의 배려가 각별히 요청되어 왔다. 생명현상에 직결되는 분야에서는 더욱 심각하다.

이 책에서는 이런 여러 가지 문제에 대해 독자와 더불어 생각하기 위한 소재를 약간 준비해 본 셈이다. 이 책을 집필함에 있어서 아낌없이 전문적인 조언을 주고 정독으로써 잘못을 세세히 정정해 준 일본 카르본산 회사 사장 요시다 박사, 재료를 제공해 준 아카보리 박사, 과학잡지 〈사이언스〉의 편집부장 에도리 씨, 교토통신 과학부의 다무라 씨, 시종 격려를 베풀어주신 일본 리서치센터의 아오키 씨, 나카무라 도쿄대학 교수(당시),

출판을 쾌히 승낙해 주고 귀중한 조언을 해준 블루백스 편집부의 여러분께 충심으로 감사를 드리고 싶다. 이분들의 후의가 갖추어졌기 때문에 이 책이 빛을 보게 되었다.

또 이 책에 사용한 사진의 대부분은 교토 통신사 및 독일 대사관으로부터 제공받았다. 호의에 깊이 감사한다.

라이프 사이언스(생명과학), 이것은 20세기 후반에 이르러 현저한 발전을 이룩한 과학이며 또한 앞으로의 발전이 크게 기대되는 과학의 한 분야이기도 하다. 따라서 어떤 의미에서든 생명과학은 사람들에게 많은 관심을 끌게 될 것으로 생각된다. 그러나 생명과학을 전공하지 않은 사람은 생명현상에 대하여 얼마나 많은 것을 알고 있는 것일까? 어떻든 생명체의 일원인 우리로서는 생명과학에 관한 더 많은 지식을 알고 있어야 할 것이다. 이러한 뜻에서 역자는 지난 봄 오오시마 다이로오의 저서 『생명의 탄생』을 번역하여 "BLUE BACKS 한국어판"으로 출판한 바 있다. 『생명의 탄생』에서는 최초의 생물이 어떻게 해서 탄생되었는가 하는 문제와 생명과학을 전공하는 과학자들의 생명의 탄생을 추구해 가는 과정을 소개했다. 반면 이 책은 생명체를 이루고 있는 물질에 대한 지식을 제공함으로써 생명체를 보다 더 깊이 이해하는 데 도움을 주고 있다. 특히 이 역서에서는 유명한 과학자들의 여러 가지 에피소드를 소개함으로써 우리에게 더욱 흥미를 주고 있다. 또한 일본 과학자들의 연구결과가 오늘날 일본이 아미노산 공업분야에서 세계 정상을 달리게 하는데 어떻게 영향을 주었는지를 자세히 알려주고 있는 것도 특색의 하나이다.

이 책을 번역하고 난 지금 역자로서도 많은 것을 배우고 느낄 수 있었던 것을 다행으로 생각한다. 여러분들도 이 책을 읽음으로써 생명과학에 대하여 더욱 많은 흥미와 의욕을 갖게 될 것으로 믿는다.

이 책이 여러분들에게 생명과학에 대한 새로운 비전을 조금이나마 제시할 수 있게 된다면 그 이상 기쁠 수가 없을 것이다.

끝으로 『생명의 탄생』에 이어 이 책을 번역할 수 있는 기회를 주신 전파과학사 대표님과 출판되기까지 많은 수고를 아끼지 않으신 편집부 여러분에게 마음으로부터 깊은 감사를 표한다.

**백태홍**

# 도서목록
## - 현대과학신서 -

# 도서목록
## - BLUE BACKS -